JN450716

Ladies Cut Basic
여성커트 기본

Ladies Cut Basic
여성커트 기본

2014년 3월 2일 초판 인쇄
2014년 3월 5일 초판 발행
2017년 9월 1일 초판 1쇄 발행

저　　자 공복례
발 행 인 조규백
발 행 처 도서출판 구민사
(07299) 서울특별시 영등포구 당산로2길 12. 1004호
전　　화 02.701.7421~2
팩　　스 02.3273.9642
홈페이지 www.kuhminsa.co.kr
등　　록 제14-29호(1980년 2월 4일)
I S B N 978-89-7074-896-2 93590
값 28,000원

Ladies Cut Basic

여성커트 기본

공복례 지음

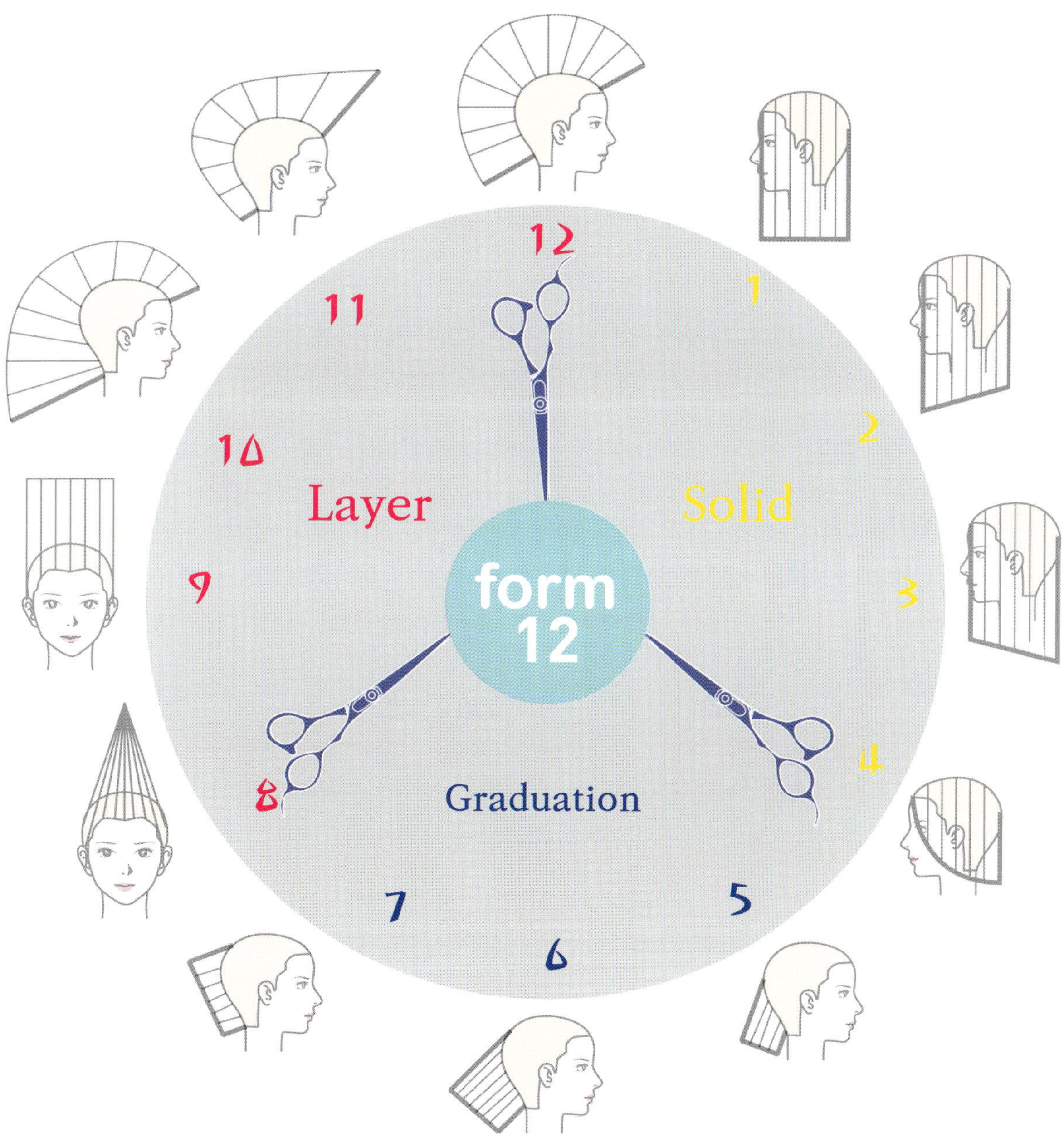

구민사 Technology Computer
www.kuhminsa.co.kr

들어가며

이제 미용은 단순히 기술만이 아닌 하나의 학문으로 당당히 자리매김하고 있다. 필자가 처음 미용을 시작했던 1986년은 여성들의 일자리 창출을 위한 능력 개발의 목적으로 실시되는 미용 교육이 일반적이었으나 현재는 대학교의 전공을 넘어 대학원의 석·박사 과정을 통해 심도있는 연구로 이어지는 것이 현 미용계의 수준이다.

학문의 수준이 올라갈수록 그 학문을 시작하는 지점에서 더욱 중요한 것은 기본기를 탄탄히 다지는 것일텐데 미용 실기의 기본이 커트라는 것은 어떤 전문가와 이야기해도 이견이 없을 것이다. 이 책을 통해, 어깨너머로 따라하는 주먹구구식의 기술 습득이 아닌 정확한 이론에 근거한 커트를 배워보자. 지금까지 본인의 경험과 감각으로 해왔던 것을 이제부터는 고객의 두상 골격이나 머리숱 등을 감안한 정확한 공식에 의해 도해도를 머릿속에 그려가며 커트를 시술하도록 해보자. 그러기 위해 두상의 부분명칭과 섹션분할 명칭 등의 용어는 가장 기본이 되는 것으로, 고객의 헤어를 빠르고 정확하게 디자인하기 위해서 그 무엇보다 확실하게 알고 익혀야 할 것이다.

기술(Skill)과 기법(Technique) 또한 마찬가지이다. 지속적으로 끈기를 갖고 기본기부터 차근차근 제대로 이해하고 터득해야만 한다. 그렇지 않으면 아무리 많은 시간을 연습한다 해도 금방 한계에 부딪쳐 커트에 대한 두려움을 떨쳐버릴 수 없을 것이다. 우리가 구구단을 알고 있어 많은 수의 덧셈 뺄셈을 신속하게 계산해 낼 수 있듯이 커트 또한 마찬가지이다. 여성 커트의 기본 12종 스타일을 구구단을 외우듯 확실하게 구사할 수 있어야 한다. 그래야만 그 기본기를 토대로 고객이 원하는 그 어떤 스타일도 자신 있게 구현해 낼 수 있는 기반이 될 것이다. 축적된 이론적 지식이 바탕이 된 동시에 몸에 베일만큼 습관화된 기술이 고객에게 반사적으로 적용되어 다양한 스타일을 연출할 수 있는 수준에 이르는 것이 전문가의 기본이라 할 수 있을 것이다.

1986년 처음 미용을 시작한 이후 학교에서 학생들을 가르치게 되기까지 많은 교재들을 봐 왔지만, 혼자 공부해서는 이해할 수 없는 부분들이 많았고, 내용의 다양성에 비해 내게 필요한부분을 쉽게 찾을 순 없었다. 강의를 시작하면서부터는 내 입맛에 맞게 교재를 만들기 시작했고, 그렇게 쌓인 강의안들을 정리하여 이 교재에 담았다. 이 책을 통해 여성 커트 기본스타일 12종을 기본기법에 입각해 이론과 실기부분 도해도를 과정별로 상세하게 공부할 수 있도록 했으며, 한 가지 팁을 덧붙이자면 이 책에서 필요한 스타일을 선택해 공부할 수도 있겠지만, 일단은 책의 순서를 따라가 보라는 것이다. 이유인 즉슨 이 책이 가발(Wig) 3개로 1개는 솔리드 커트 4종 스타일을, 1개는 그레쥬에이션 커트 3종 스타일을, 마지막 하나로는 레이어 커트 5종을 차례로 커트해볼 수 있도록 편집되어 있어, 책 순서를 차례대로 따라가다 보면 가발(Wig) 3개로 여성 커트 기본스타일 전체를 시술해볼 수 있기 때문이다.

어느 사회학자의 글에 따르면 한 분야의 전문가가 되기 위해서는 일만 시간이 필요하다는데 이는 하루에 3시간씩 10년을 꾸준히 쌓아야 하는 시간의 분량이라고 한다. '빨리' 헤어디자이너가 되고 싶다면 '꾸준히' 노력해야만 한다는 의미다. 그런 의미에서 이 책의 첫 장을 읽고 있는 여러분은 이미 일만 시간의 첫 걸음을 내디뎠다. 포기하지 않는다면 이룰 것이다. 이 책과 함께 기본기를 다져가는 여러분들을 현장에서 다시 만나게 되길 기대한다.

끝으로 사진촬영에 도움주신 최윤정님 신혜정님과 출간되도록 도와주신 김유정 교수님을 비롯한 도서출판 구민사 관계자 분들께 깊은 감사의 말씀을 드립니다.

저자 공 복 례

CONTENTS

Chapter 1 기본 이론(Basic Theory)

Ladies

Chapter

1

기본 이론(Basic Theory)

Haircut

1-Ⅰ 헤어디자인(Hair Design) 용어

1. 두상과 헤어라인의 명칭

1) 두상의 포인트 명칭

① C.P(Center Point) : 센터 포인트
② T.P(Top Point) : 탑 포인트
③ G.P(Golden Point) : 골든 포인트
④ B.P(Back Point) : 백 포인트
⑤ N.P(Nape Point) : 네이프 포인트
⑥ E.P(Ear Point) : 이어 포인트
⑦ S.P(Side Point) : 사이드 포인트
⑧ F.S.P(Front Side Point) : 프런트 사이드 포인트
⑨ S.C.P(Side Coner Point) : 사이드 코너 포인트
⑩ E.B.P(Ear Back Point) : 이어 백 포인트
⑪ N.S.P(Nape Side Point) : 네이프 사이드 포인트
⑫ C.T.M.P(Center Top Medium Point) : 센터 탑 미디움 포인트
⑬ T.G.M.P(Top Golden Medium Point) : 탑 골든 미디움 포인트
⑭ G.B.M.P(Golden Back Medium Point) : 골든 백 미디움 포인트
⑮ B.N.M.P(Back Nape Medium Point) : 백 네이프 미디움 포인트

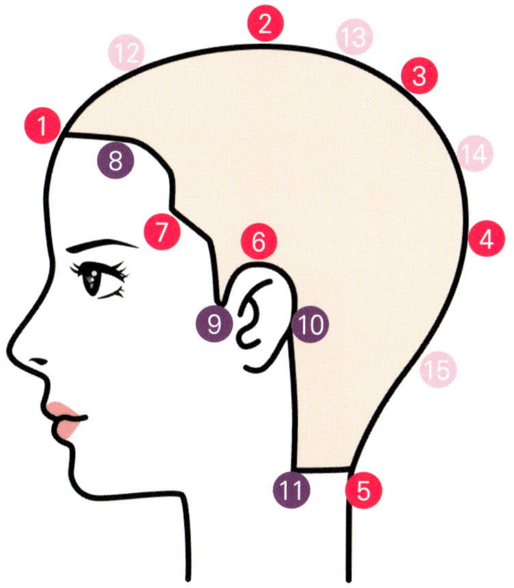

2) 두상의 부위별 명칭

① 전두부(Top) ② 측두부(Side) ③ 두정부(Crown) ④ 후두부(Nape)

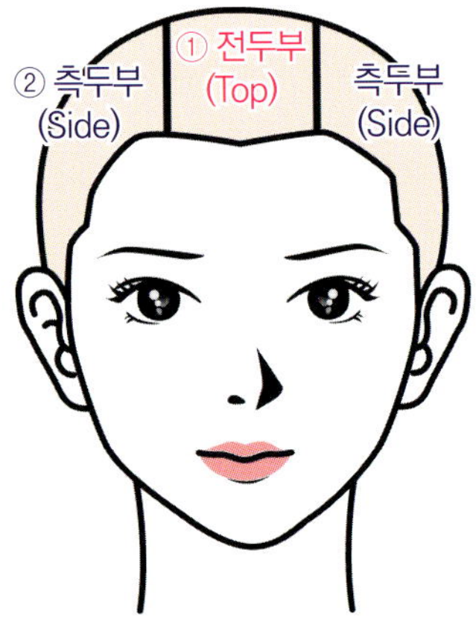

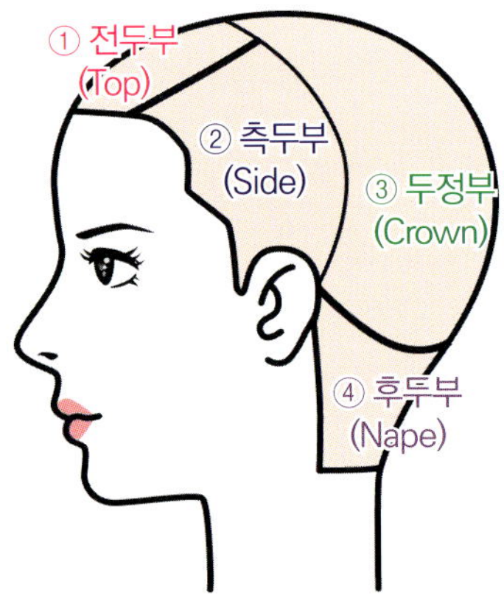

3) 두상의 분할 라인

① 정중선(Center Line) — 두상의 좌우 분할선이다.

코를 중심으로 두상의 부위를 좌우로 분할하는 선이다.

② 측중선(E.E.L – Ear To Ear Line) — 두상의 앞뒤 분할선이다.

좌우의 귀를 세로로 잇고 두상 부위의 측면을 전후로 2등분 하는 선이다.

③ 수평선(H.L– Horizontal Line) — 두상의 상하 분할선이다.

E.P의 높이를 가로로 잇고 두상 부위의 측면을 상하로 2등분 하는 선이다.

④ 측두선(U Line)

양쪽 프런트 사이드 포인트(F.S..P)에서 측중선 위로 연결하는 선이다.

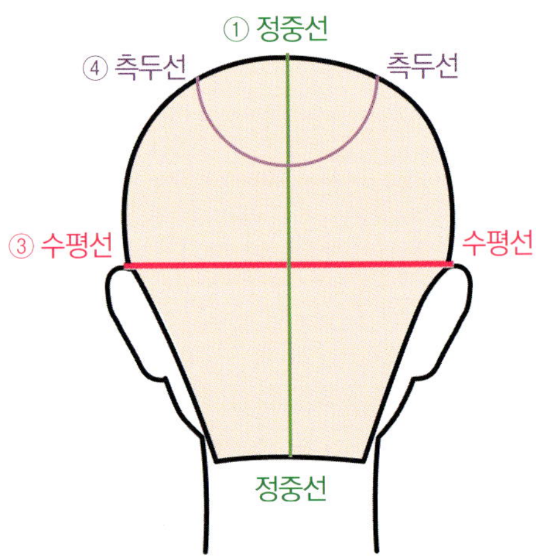

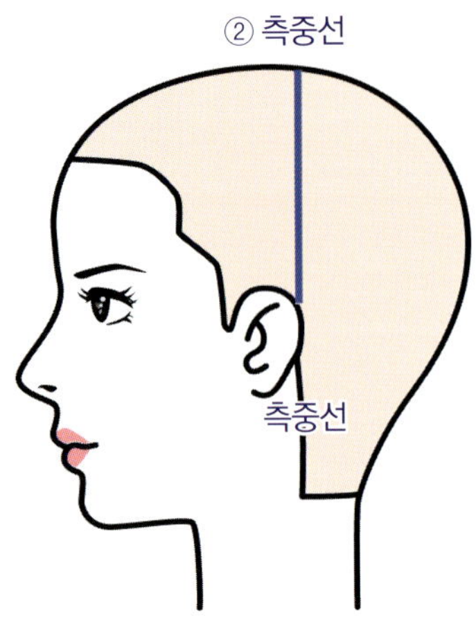

4) 두상의 분할 용어

① 인테리어(Interior) : 두상의 정상(Crest) 윗부분의 명칭이다.

② 익스테리어(Exterior) : 두상의 정상(Crest) 아랫부분의 명칭이다.

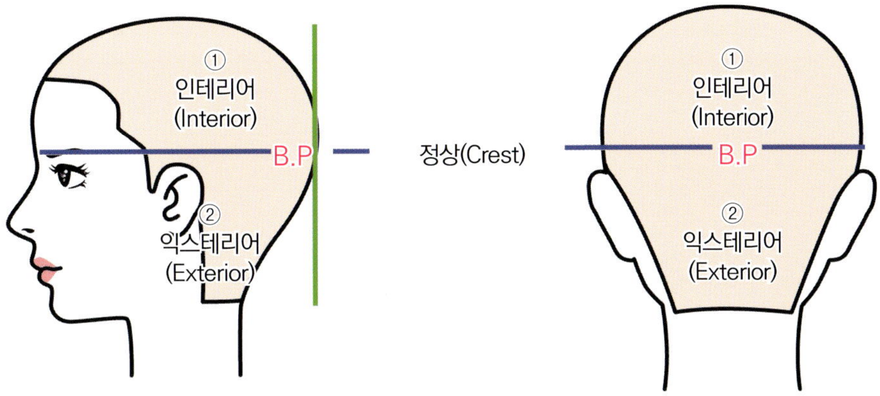

5) 헤어라인(Hair Line)의 명칭

헤어라인(Hair Line)은 얼굴과 목 부분 귀 밑으로 머리카락이 나있는 경계부분을 말하며 헴 라인(Hem Line)이라고도 한다.

① 페이스라인(Face Line) : S.C.P에서 얼굴위로 올라가 반대편 S.C.P까지 연결한 선이다.

② 사이드라인(Side Line) : S.C.P에서 E.P까지 연결한 선이다.

③ 네이프라인(Nape Line) : N.S.P에서 반대편 N.S.P까지 연결한 선이다.

④ 네이프 사이드라인(Nape Side Line) : E.P에서 N.S.P까지 연결한 선이다.

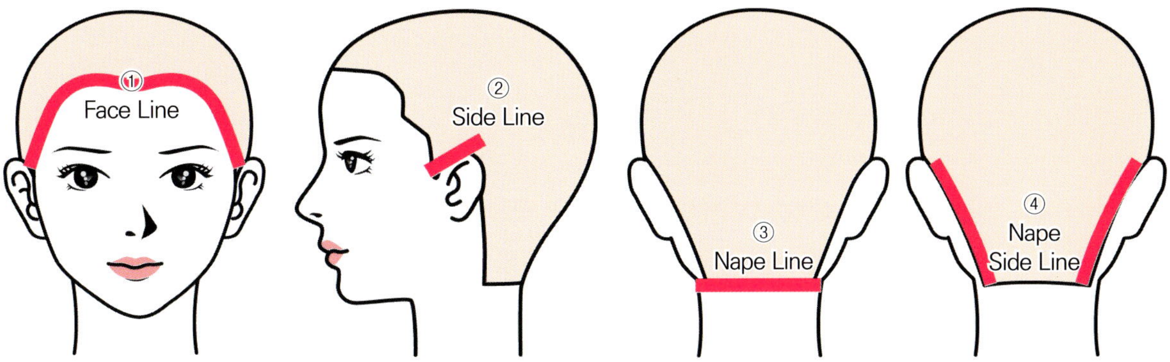

2. 헤어디자인 기본용어

1) 두발의 분할모양과 선의 명칭

① **블로킹**(Blocking)

큰 구역으로 나누어 긋는 것이다.

② **슬라이스**(Slice)

일정량의 두발을 얇게 베어내는 것, 필요한 만큼 적게 뜨는 것이다.

③ **섹션**(Section)

블로킹 보다 더 작게 구분된 머릿결의 상태이다.

④ **판넬**(Panel)

잡아 뜬 섹션을 빗질하여 판판하게 잡은 상태이다.

⑤ **텐션**(Tension)

두발을 손가락에 끼워 잡았을 때 당기는 힘의 정도(긴장력)이다.

⑥ **베이스**(Base)

두발의 근원 즉, 뿌리부분이다.

⑦ **스템**(Stem)

두피에 대해서 일어나는 머리카락의 줄기이다.

⑧ **스트랜드**(Strand)

두발의 일부분을 적게 떠서 잡은 머리 다발이다.

⑨ **베이스 라인**(Base Line)

헤어커트 기초가 되는 부분으로 가이드라인(Guide Line)을 말한다.

⑩ **더블 베이스 라인**(Double Base Line)

짧은 베이스 라인 위에 긴 베이스 라인을 덮어씌우는 것이다.

⑪ **가이드라인**(Guide Line)

안내선, 윤곽선, 처음으로 기준을 잡아 주는 선이다.

⑫ **가이드 섹션**(Guide Section)

커트 시 제일 처음 커트하는 섹션이다.

⑬ **온 더 베이스**(On The Base)

잡은 섹션의 베이스 중심부분이 두피로부터 직각(90°)으로 들려진 것이다.

⑭ **오프 더 베이스**(Off The Base)

두발의 섹션을 한쪽으로 정해 놓고 그 방향으로만 당겨서 커트하는 방법이다.

⑮ **버티컬**(Vertical)

바닥에 대한 수직선이다.

⑯ **호리존탈**(Horizontal)

바닥에 대한 평행선이다.

⑰ **다이애거닐**(Diagonal)

바닥에 대한 사선이다.

⑱ **레디얼 섹션**(Radial Section)

골든 포인트(G.P)를 기점으로 방사상으로 섹션을 뜨는 기법이다.

⑲ **핑거 앵글**(Finger Angle)

손가락의 각도이다.

⑳ **커팅 앵글**(Cutting Angle)

커트할 때 패널을 잡는 방법이다.

2) 헤어디자인 표현을 위한 기본용어

① **텍스츄어**(Texture)

머리 스타일의 전체적인 질감을 말한다.

② **볼륨**(Volume)

양감을 말한다.

③ **씨메트릭**(Symmetric)

좌우 길이의 균형과 대칭 상태를 말한다.

④ **어씨메트릭**(Asymmetric)

좌우 길이의 불균형과 비대칭 상태를 말한다.

⑤ **인터널 쉐이프**(Internal Shape)

헤어스타일의 내부 즉, 외곽선에 안쪽부분을 말한다.

⑥ **프리미터 라인**(Perimeter Line)

헤어스타일의 아웃라인(Out Line) 즉, 외곽선을 말한다.

⑦ **옥시피탈 본**(Occipital Bone)

후두부에 튀어나온 뼈를 말한다.

⑧ **웨이트 에어리어**(Weight Area)

볼륨이 있는 부위를 말한다.

⑨ **리세션 에어리어**(Recession Area)

양쪽 이마에 우묵하게 들어간 부분을 말한다.

1-II 헤어 커트 도구(Hair Cut Tool)

1. 가위(Scissors)

1) 가위(Scissors) 조작의 원리

① 가위 조작은 약지손가락 고리에 연결된 고정 날은 움직이지 않고 엄지손가락 고리에 연결된 움직이는 날 만을 이용해 커트하는 것이 기본조작 방법이다.

② 가위의 개폐(開閉) 속도와 벌리는 각도는 항상 일정하도록 조작하는 것이 좋다.

2) 가위(Scissors)의 각부 명칭

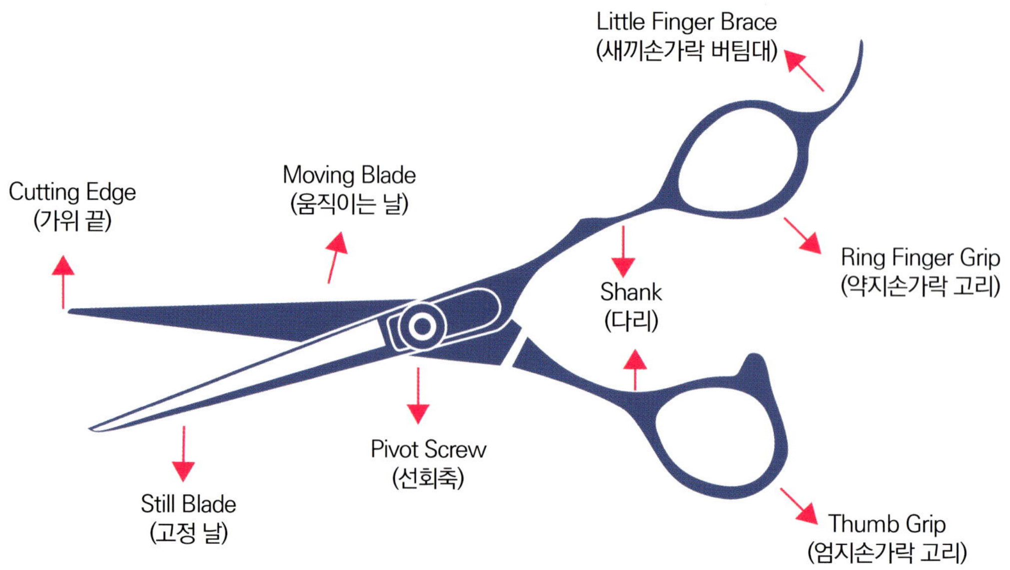

3) 가위(Scissors) 잡는 자세

① 가위 끝이 왼쪽으로 오게 하고 새끼손가락 버팀대는 오른쪽 위로 향하게 한다.

② 새끼손가락 버팀대에 새끼손가락을 얹고 곧게 펴준다.

③ 약지손가락 고리(Ring Finger Grip)에 약지손가락을 넣고 곧게 펴준다.

④ 엄지손가락 고리(Thumb Grip)에 엄지손가락 손톱 끝을 살짝 걸쳐준다.

⑤ 집게손가락 맨 안쪽 마디에 가위 선회축(Pivot Screw)부분을 밀착시키고 약지손가락 가운데 마디 부위를 지나 새끼손가락 지문 부위까지 사선으로 고정되도록 잡는다.

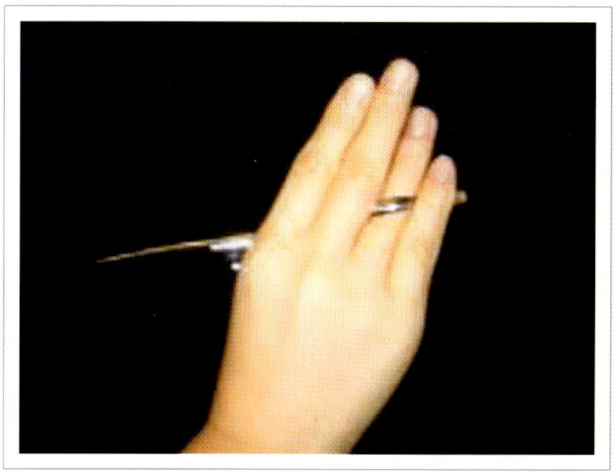

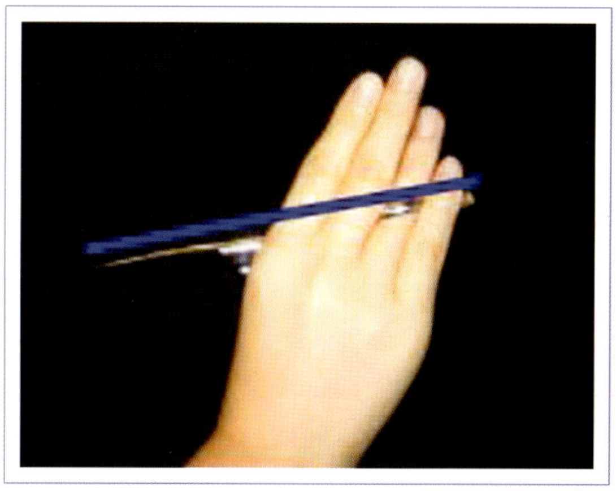

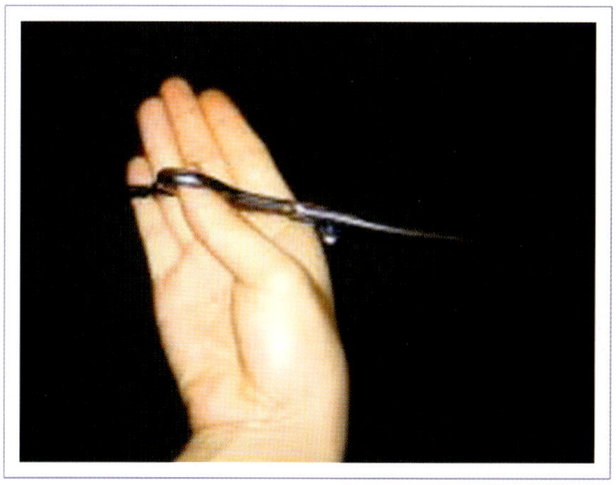

⑥ 엄지손가락을 제외한 네 개 손가락을 곧게 펴서 붙여주고 손가락 끝이 1시 방향으로 향하도록 팔목을 오른쪽으로 약간 틀어준다.

⑦ 새끼손가락을 구부리거나 위로 들지 말고 지문으로 새끼손가락 버팀대를 지긋이 눌러 중심을 잡아주면 엄지손가락 안쪽 마디에 가위가 잘 밀착되어 고정된다.

⑧ 가위 선회축(Pivot Screw)을 집게손가락 맨 안쪽 마디에 고정하는 것은 약지손가락에 끼워진 가위 날(고정 날)이 움직이거나 흔들리지 않도록 중심을 잡아 주는 역할을 하기 때문이다.

⑨ 가위는 엄지손가락만을 움직여서 개폐(開閉)하여야 한다.

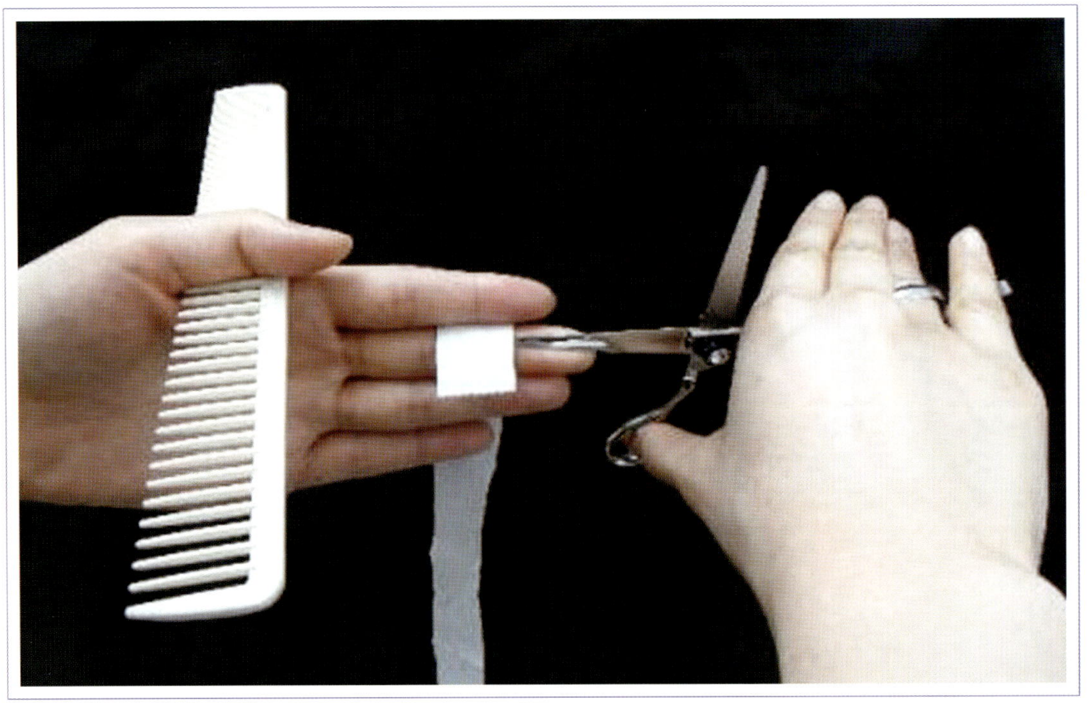

가위 테크닉의 개폐연습 동작

4) 가위 테크닉(Scissors Technique)

① 블런트 커트(Blunt Cut)

ⓐ 두발 끝을 무디게(직선으로) 커트하는 기법이다.

ⓑ 클럽 커트(Club Cut)라고도 한다.

② 스트로크 커트(Stroke Cut)

가위 끝이 모근 쪽을 향해 두발 끝을 점차 가늘게 커트(붓끝처럼)하는 기법이다

③ 샤기(Shaggy)

두발이 정돈되지 않고 덥수룩하고 거칠게 또는 깃털처럼 가볍게 보이도록 표현 하는 기법이다.

④ 슬리더링(Slithering)

가위를 미끄러지듯이 개폐(開閉)하며 두발 숱을 감소시키는 기법이다.

⑤ 트리밍(Trimming)

이미 형태가 이루어진 선을 말끔하게 정돈해 주는 기법이다.

⑥ 클리핑(Clipping)

튀어나오거나 손상된 두발을 잘라내는 기법이다.

⑦ 신징 커트(Singeing Cut)

불필요한 두발을 불꽃으로 태워 제거 시키는 기법이다.

⑧ 포인트 커트(Point Cut)

정돈된 두발의 끝을 지그재그로 커트해 질감을 내는 커트기법으로 깊고 얇은 테크닉을 사용해 부드러운 질감을 표현하는 기법이다.

⑨ 촙핑(Chopping)

포인트 커트보다 판넬을 더 깊게 커트해 머리끝에 불규칙한 움직임과 가벼움을 주고자 할 때 사용하는 기법이다.

⑩ 나칭 커트(Notching Cut)

뭉툭한 두발 끝을 가위 날을 45°로 위치해 비스듬히 커트하는 기법이다.

⑪ 슬라이드 커트(Slide Cut)

ⓐ 생동감을 주기 위해 머리 표면을 따라 가위를 벌려 미끄러지듯이 하여 두발에 질감과 길이 제거를 위해 사용하는 기법이다.

ⓑ 앞머리와 연결되는 옆머리에 자연스러움을 주기위해 주로 사용한다.

⑫ 슬라이싱(Slicing)

가위 날을 벌린 상태로 미끄러지듯 움직이며 두발의 길이는 유지되면서 두발 끝에 가벼운 질감을 표현하는데 사용하는 기법이다.

⑬ **블록 커트**(Block Cut)

두발 전부를 크게 섹션을 떠 한 번에 커트하는 기법이다.

⑭ **브릭 커트**(Brick Cut)

섹션을 잡고 벽돌쌓기처럼 지그재그 간격으로 두발을 집어주는 기법으로 모근의 일어섬과 가벼움을 나타낸다.

⑮ **싱글링**(Shingling)

장 가위에 한쪽 날을 커트 빗에 고정시킨 후 위로 이동하면서 튀어 나온 두발을 깎는 기법으로 상고형과 스포츠형에 적용한다.

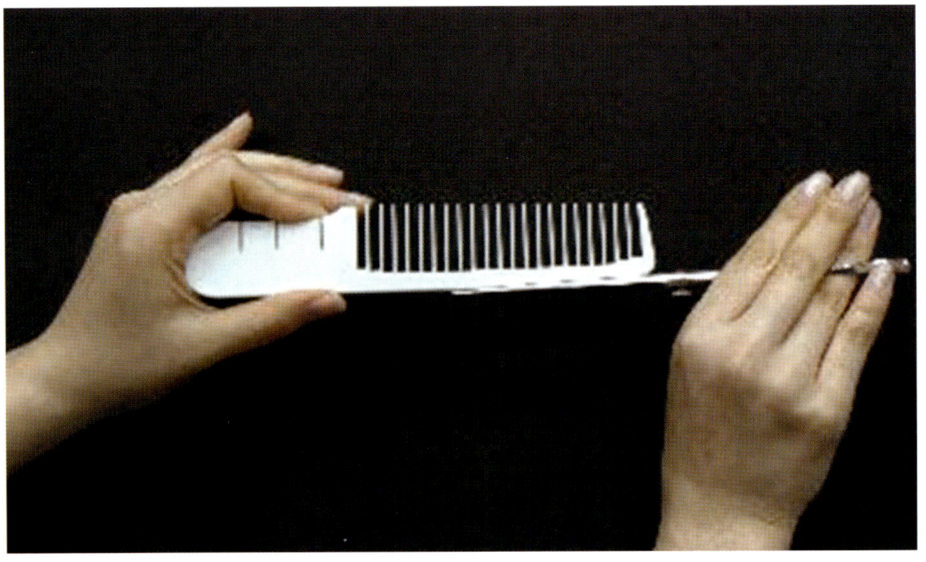

2. 빗(Comb)

1) 커트 빗의 명칭

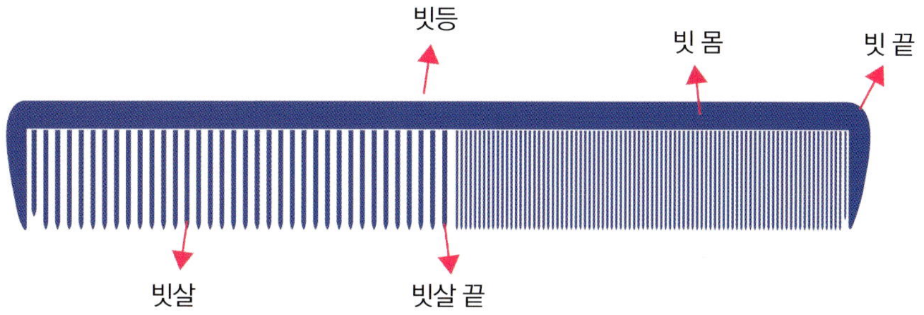

2) 커트 빗을 잡는 자세와 사용기법

① 커트 빗을 사용하지 않을 때에는 빗살 끝이 왼손 엄지손가락 안쪽으로 향하도록 중심을 끼워 잡는다.

② 커트 빗을 사용할 때에는 엄지손가락 고리(Thumb Grip)에서 엄지손가락을 빼고 가위 끝을 엄지손가락과 집게손가락 안쪽으로 오도록 움켜잡고 엄지와 집게손가락 끝으로 빗을 잡아 사용한다. 이 동작은 두발을 빗기면서 가위 끝으로 두발이 잘려 나갈 위험이 있으므로 주의해야 한다.

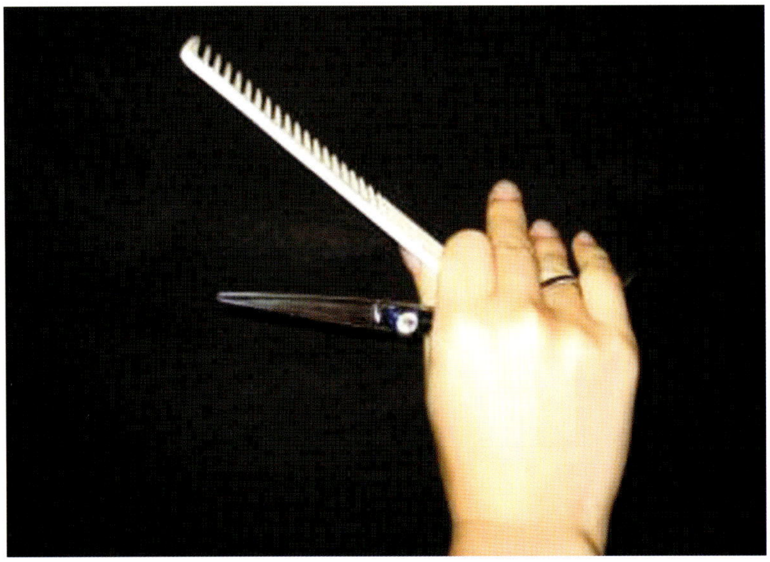

③ 빗 동작을 크게 사용하고 싶을 때에는 가위를 돌려 약지손가락과 새끼손가락 사이 위쪽으로 엄지손가락 고리(Thumb Grip)를 고정시키고 가위 날 끝은 손에 바깥쪽 방향으로 향하도록 한 후 엄지손가락과 집게손가락으로 커트 빗을 잡고 사용한다.

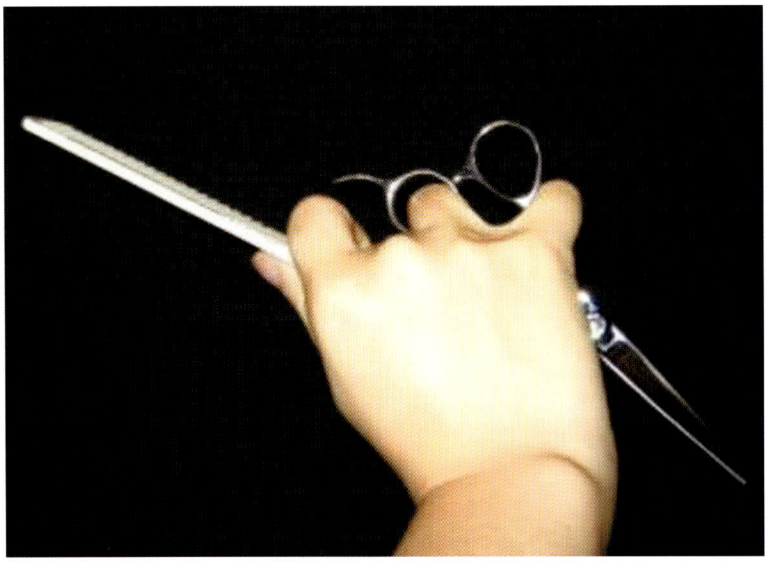

3) 섹션(Section)의 형태에 따른 빗의 위치

① 수평섹션(Horizontal Line)을 슬라이스(Slice)할 때

커트 빗을 세로로 잡고 집게손가락 지문 쪽에 힘을 주어 슬라이스(Slice)한다.

② 수직섹션(Vertical Line)을 슬라이스(Slice)할 때

커트 빗을 가로로 잡고 집게손가락 지문 쪽에 힘을 주어 슬라이스(Slice)한다.

3. 레져(Razor)

1) 레져 커트(Razor Cut)의 특징

① 두발과 각도를 이루며 두발의 지름을 비스듬히 제거하기 때문에 끝이 가늘게 커트 된다.

② 두발에 부피감을 제거하고 두발 끝에 움직임(인 컬 또는 아웃 컬)을 주고 싶을 때 사용한다.

③ 헤어 크리에이티브(Hair Creative)와 같은 작품을 시술할 때 일반적으로 레져(Razor)를 사용해 커트한다.

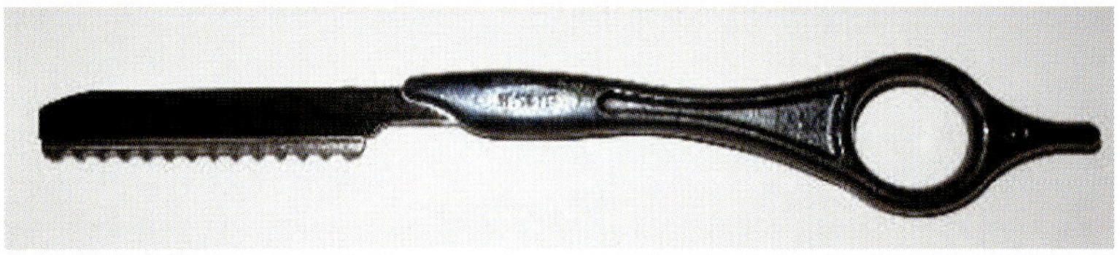

2) 레져 커트(Razor Cut) 기법

① 테이퍼링(Tapering)

레져로 두발 끝을 점차 가늘게 커트하는 기법으로 페더링(Feathering)이라고도 한다.

ⓐ 엔드 테이퍼(End Taper) — Short Taper

두발길이의 1/3 이내를 점차 가늘게 커트하는 기법이다.

ⓑ 노말 테이퍼(Normal Taper) — Medium Taper

두발길이의 1/2 이내를 점차 가늘게 커트하는 기법이다.

ⓒ 딥 테이퍼(Deep Taper) — Long Taper

두발길이의 2/3 이내를 점차 가늘게 커트하는 기법이다.

② 아킹(Arching)

ⓐ 레져로 두발 안쪽에서 호를 그려 테이퍼링(Tapering)하는 기법이다.

ⓑ 위쪽이 길고 아래쪽이 짧아 인 컬(안 마름 형태)을 원할 때 사용한다.

③ 에칭(Etching)

ⓐ 표면에서 짧게 긁듯이 하여 커트하는 기법이다.

ⓑ 위쪽의 길이가 짧고 아래쪽이 길게 커트되어 아웃 컬을(겉마름 형태) 원할 때 사용 한다.

④ 감자 깎기

두발의 판넬(Panel)을 잡고 질감 표현을 하는 기법이다.

⑤ 레져 로테이션(Razor Rotation) – 레져 회전기법

커트한 두발 표면에 층이 고르지 않거나 튀어나온 두발이 있을 때 팔목의 힘을 빼고 레져(Razor)와 커트 빗으로 원을 그리듯 회전하며 두발을 훑어 내는 기법이다.

3) 레져 커트(Razor Cut) 시술시 주의사항

① 두발에 수분상태가 고르게 분무한 후 젖은 두발(Wet Cut)로 커트해야 한다.

② 수분이 고르지 못하면 큐티클 층이 손상되어 끝이 끊어지고 갈라질 수 있다.

③ 한꺼번에 지나치게 잘려나갈 위험이 있으므로 손에 힘 조절을 고르게 한다.

④ 빗살 폭이 좁고 가는 쪽으로 빗겨서 세심하게 커트한다.

4. 틴닝 가위(Thinning Scissors)

1) 직선 날 틴닝 가위

① 틴닝 가위(Thinning Scissors) — 직선 날 또는 사선 날 모양이다.

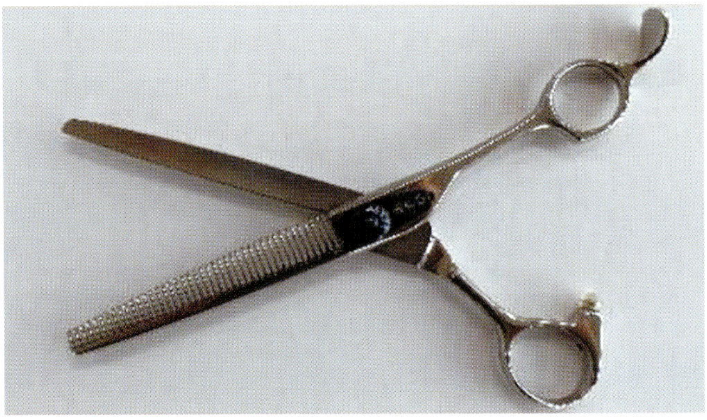

② 두발의 기장은 그대로 두고 숱을 감소시켜 모량을 조절하고 싶을 때 사용한다.

③ 남성 두발을 커트할 때 연속 깎기(Shingling) 기법에 주로 사용되는 도구이다.

④ 아래 그림은 틴닝 가위(Thinning Scissors)의 개폐 회수에 따라 두발 숱과 길이가 감소되는 과정이다.

⑤ 가위 살이 넓을수록 감소량이 많아진다.

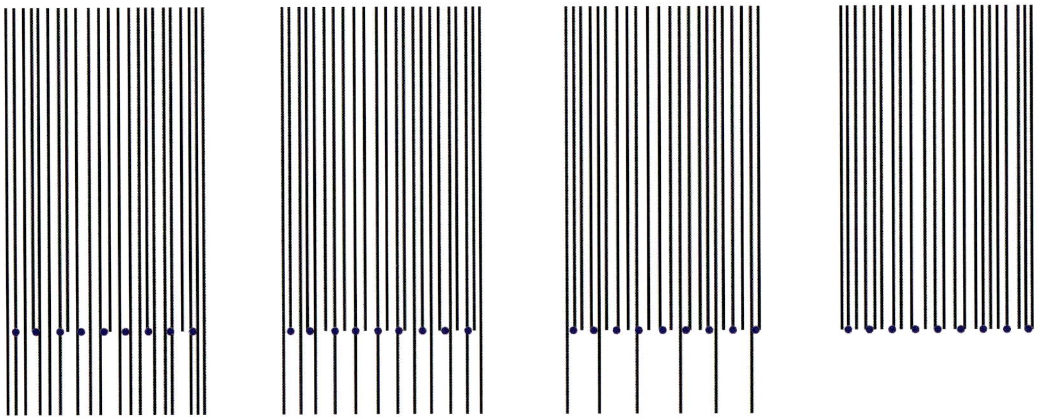

1회 개폐 25% 감소	2회 개폐 50% 감소	3회 개폐 75% 감소	4회 개폐 100% 감소

2) 곡선 날 틴닝 가위

① 텍스쳐 가위(Texture Scissors) — 곡선 날(일명 : 3홈 날) 모양이다.

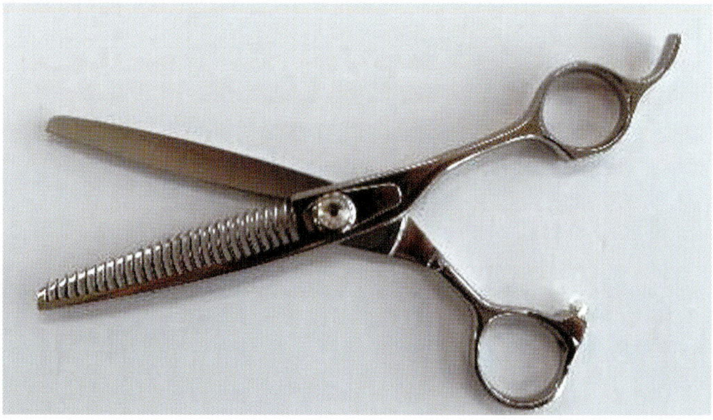

② 다양한 스타일을 만들 수 있어 질감처리와 슬라이드 기법에 사용한다.

③ 두발 끝을 가늘고 부드럽게 붓끝처럼 가벼운 효과를 주기위해 사용한다.

④ 아래 그림은 텍스쳐 가위(Texture Scissors)의 개폐 회수에 따라 두발 숱과 길이가 감소되는 과정이다.

⑤ 가위 살이 넓을수록 감소량이 많아진다.

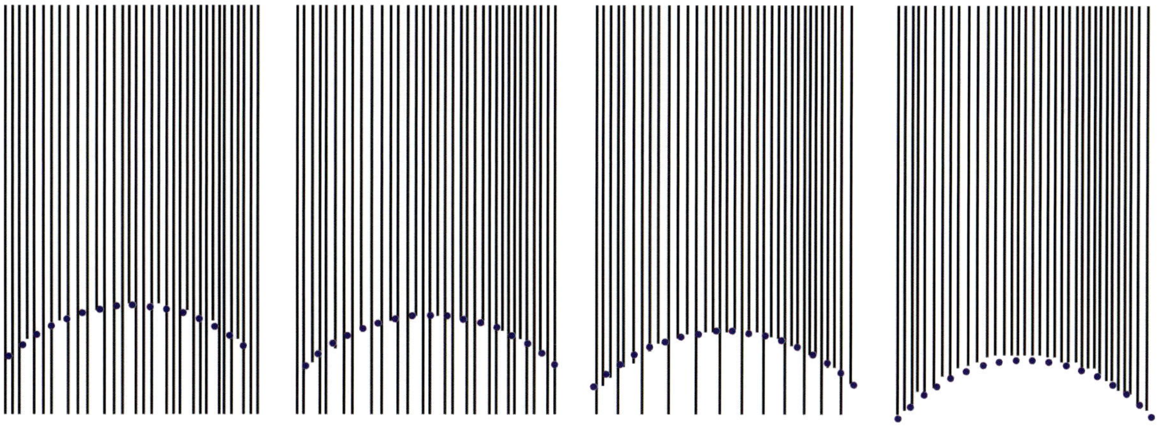

1회 개폐
25% 감소

2회 개폐
50% 감소

3회 개폐
75% 감소

4회 개폐
100% 감소

⑥ 떠올려 커트 기법

섹션을 뜨지 않고 두발을 빗으로 떠올려 빗 안쪽에서 3홈 날이 C자형이 그려지도록 손목 스냅(Snap)을 이용해 회전하며 두발 끝을 가늘게 친다.

⑦ 아래와 같은 기법으로 웨이브 상태의 두발을 커트하면 텐션(Tension)이 들어가지 않은 상태로 두발길이가 감소되어 형태가 잘 유지되도록 스타일을 연출할 수 있다.

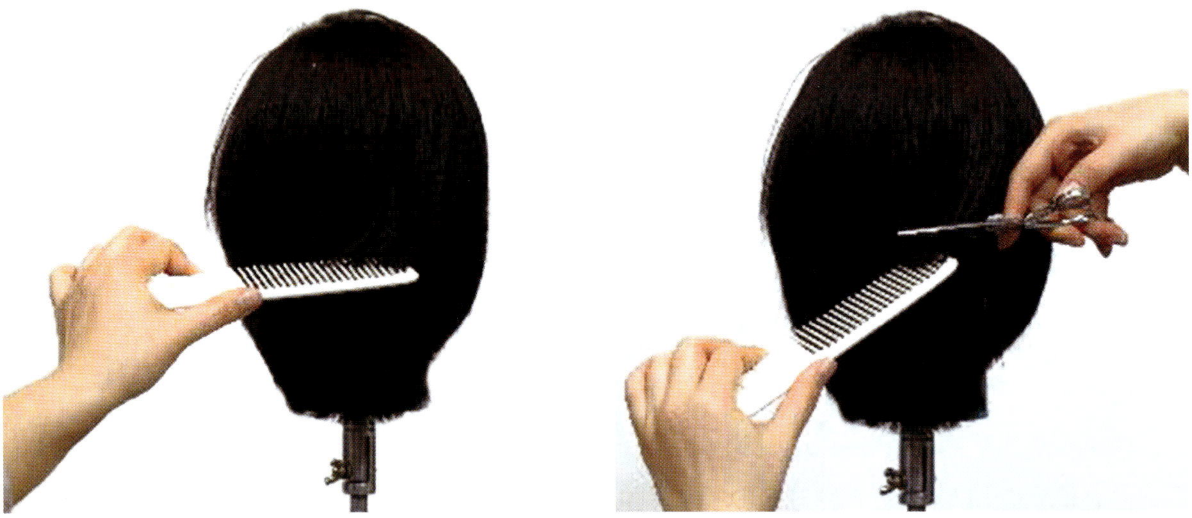

5. 클리퍼(Clipper)

1) 클리퍼(Clipper)의 원리

① 클리퍼(Clipper)는 프랑스 바리깡뜨(Mr. Barriquant)가 1870년경에 발명했다.

② 현대에는 클리퍼(Clipper) 디자인의 다양화와 성능이 업그레이드(Up-Grade)되면서 전기의 동력을 이용해 두 날이 교차하면서 두발을 집어 커트하는 기법으로 짧은 두발을 신속하게 커트할 수 있는 장점이 있어 헤어디자이너에게 아주 중요한 기구이다.

2) 클리퍼(Clipper)의 종류

① 굵은 두발용

굵은 두발과 보통두발을 커트할 때 적합하고 날의 길이를 조절하며 커트할 수 있으며 날만 따로 구입해 교체 사용할 수 있는 장점이 있으나 처음 구입할 때 가격이 비싼 단점이 있다.

② 보통 두발용

중간 크기의 날로 가는 두발이나 곱슬머리를 커트할 때 사용한다.

③ 가는 두발(연모)용

목 부분과 귀 앞 구레나룻 부위에 잔털을 제거하는 용도로 면도기 대용으로 간편하게 사용한다.

④ 조각 클리퍼(Sculpture Clipper)

두상에 글자나 문양 등을 새겨 넣을 때 사용하는 클리퍼이다.

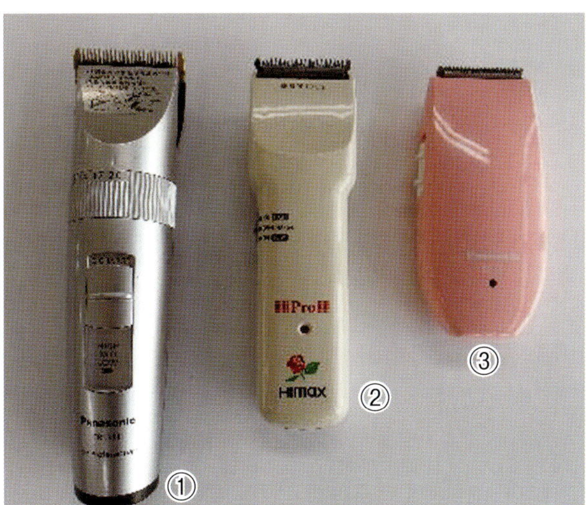

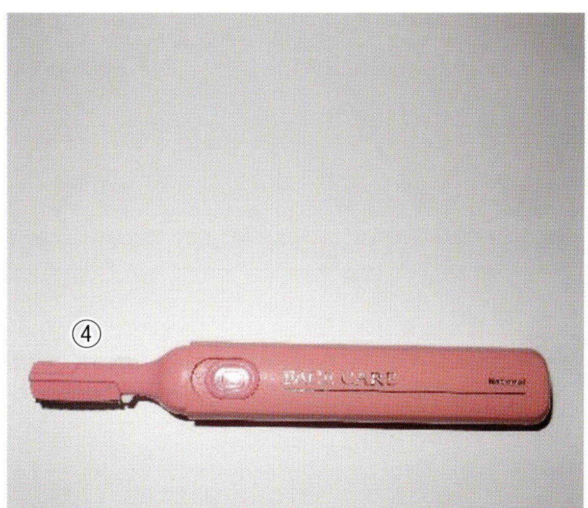

3) 클리퍼(Clipper) 사용기법

① 클리퍼(Clipper)를 잡는 방법은 사용 용도에 따라 각각 다르게 잡는다.

② 일반적인 방법으로는 클리퍼(Clipper) 날이 위로 향하도록 하고 오른손 엄지손가락을 클리퍼(Clipper) 위쪽으로 집게손가락은 클리퍼 날 밑에 경사진 부분에 고정시켜 잡는다.

③ 나머지 세 개의 손가락을 벌려 클리퍼(Clipper) 밑 부분에 중심을 잡는다.

④ 바깥쪽으로 향해 있는 클리퍼 날 방향을 팔목 스냅(Snap)만으로 시술자 가슴쪽으로 향하도록 회전을 반복하여 연습한다.

⑤ 팔꿈치와 팔목이 위로 올라가지 않고 시술자 쪽으로 회전해야만 두발이 차츰 위로 길어지게 그라데이션(Gradation)되며 커트된다.

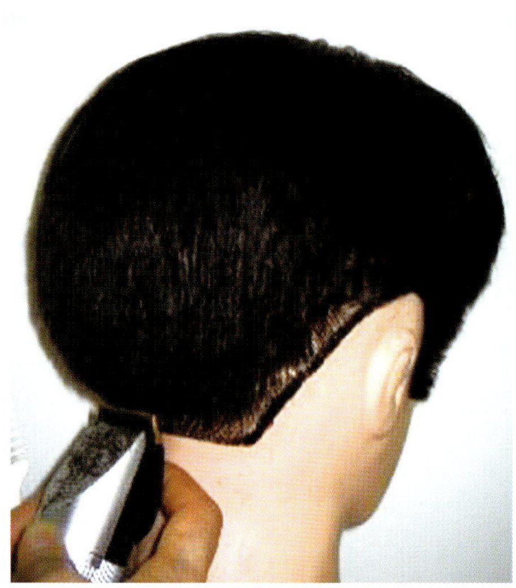

클리퍼를 잡는 기본 동작

Tip

▶ 네이프 라인(Nape Line) 쪽을 짧게 클리퍼(Clipper) 깎기 할 때에는 클리퍼를 잡은 손의 집게손가락을 클리퍼 날 끝 쪽 밑 부분에 바싹 붙여지게 잡는다.
▶ 네이프 라인(Nape Line)보다 약 1㎝ 밑으로 내려간 지점부터 시작한다.
▶ 팔목을 회전하며 집게손가락 손톱표면이 두피 면에 닿도록 회전시킨다.
▶ 네이프 라인(Nape Line) 쪽에서 클리퍼(Clipper)를 뒤집어 회전시키면 조금 더디게 진행되는 단점이 있지만 안전하다.

1-Ⅲ 헤어커트 기본 이론

1. 헤어커트의 목적과 시술순서

1) 목적과 의의

① 헤어커트는 두발의 길이와 숱을 정돈하여 헤어스타일을 완성할 수 있는 기초를 만들기 위함이며 헤어디자인에 있어서 가장 중요한 기법이다.

② 헤어디자인의 완성을 위해서는 가위 잡는 법, 빗을 잡는 법, 시술자의 자세가 안정되어야 한다.

2) 시술순서

헤어커트 시술과정은 머리형의 스타일에 따라 다르게 적용되지만 기본 시술 순서는 다음과 같다.

① 블로킹(Blocking)

두상의 골격과 두발의 양감 및 질감, 두발의 흐름(탄력성과 웨이브의 유무)상태 등 소재를 잘 파악한 후 그 스타일에 맞게 블로킹(Blocking)을 한다.

② 부위별 커트순서

ⓐ 후두부(Nape) → ⓑ 두정부(Crown) → ⓒ 측두부(Side) → ⓓ 전두부(Top) 순으로 커트를 시술한다.

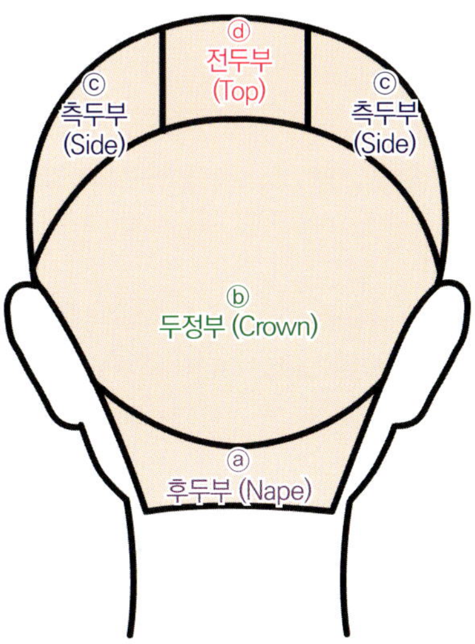

2. 두상과 두발의 관찰

1) 두상의 관찰

① 두상의 골격과 구조 형태

두상의 크기나 백 포인트(B.P) 등의 도출 정도를 감안해 스타일을 구상한다.

② 두상 부위에 흉터 유무

ⓐ 두발에 물을 분무한 후 빗으로 두발을 빗기면서 흉터가 있는지를 파악한다.

ⓑ 흉터가 있는 고객이라면 스타일을 구상한 후 먼저 흉터가 있는 부위가 가려지도록 커트한 후 이를 중심으로 두발을 연결하여 스타일을 완성한다.

2) 두발의 관찰

① 두발의 양감과 흐름

두발의 양감과 굵기, 손상 유무, 탄력성과 웨이브 상태, 머리결의 흐름, 탈모 등을 고려해 스타일을 선택하고 그에 맞는 기법을 적용해 시술한다.

② 두발의 성장방향

ⓐ 가마(Vortex)

다수의 사람들은 가마(Vortex) 주변의 두발이 시계 방향을 향하고 있다.

ⓑ 가르마(Part)

가마(Vortex) 주변의 두발 방향에 따라 가르마(Part)가 만들어지는데, 이 방향에 따라 두발을 빗어 넘기면 대체로 왼쪽 가르마(Left Part)가 형성된다.

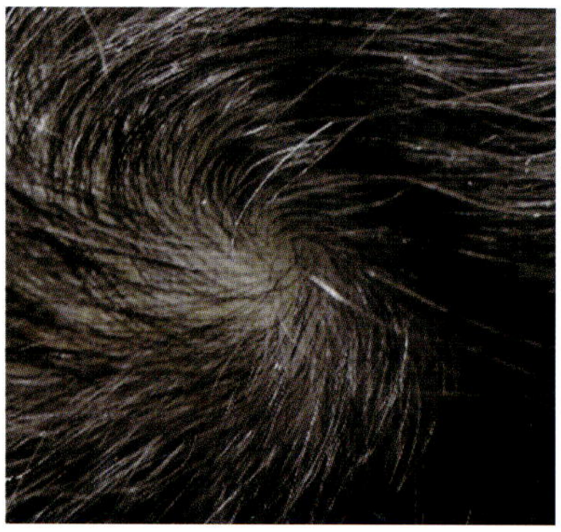

다수인의 가마방향

쌍가마

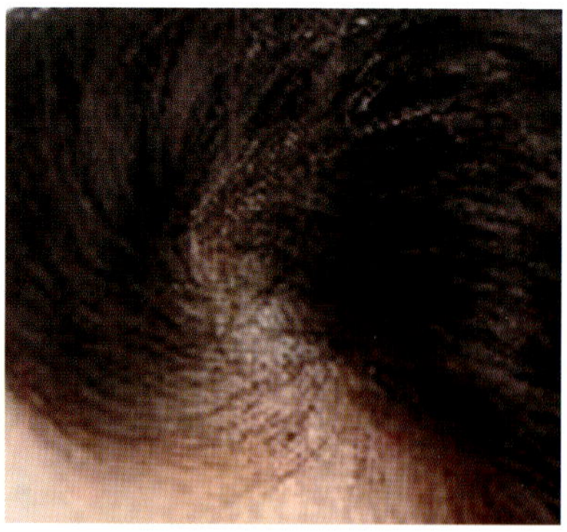

카우 릭(Cow-Lick)

ⓒ 카우 릭(Cow-Lick)

이마위에 일어선 두발의 성장방향으로써 흐름의 방향대로 빗어 넘긴다.

ⓓ 제비초리

뒤통수나 앞이마의 한가운데에 뾰족이 내민 머리털로써 들어나 보이지 않도록 시술한다.

3. 커트하는 방법과 종류

1) 위트 커트(Wet Cut)

두발을 적셔서 커트하는 방법이다.

① 두발을 손상시키지 않고 정확한 커트를 할 수 있다.
② 두발이 젖은 상태는 머리 모양이 뚜렷하게 나타난다.
③ 두발이 손과 가위에서 미끄러지지 않고 두발상태가 커트하기에 용이하다.
④ 레져(Razor)로 커트를 시술할 때 사용한다.
⑤ 두발에 습기가 없으면 고르지 못하게 커트되고 큐티클(Cuticle) 층이 손상되어 두발 끝이 갈라진다.

2) 드라이 커트(Dry Cut)

두발을 건조한 상태로 커트하는 방법이다.

① 웨이브(Wave)나 컬(Curl) 상태의 두발을 커트하는 경우에 사용한다.
② 지나치게 길이를 변화시키지 않고 수정하는 경우에 사용한다.
③ 전체적인 형태의 파악이 용이하도록 하는 경우에 사용한다.
④ 손상모등을 간단하게 추려 내는 경우에 사용한다.
⑤ 스트로크 커트(Stroke Cut)를 시술하는 경우에 사용한다.

3) 프레 커트(Pre Cut)

퍼머넌트 웨이브(Permanent Wave)를 시술하기 위해 커트하는 방법이다.

① 두발길이를 원하는 디자인에 가깝게 하기 위한 커트 방법이다.(대개 원하는 디자인 보다 1~2㎝ 길게 커트한다)
② 가지런하지 않은 두발길이를 정리하여 와인딩(Winding)하기 쉽도록 커트하는 방법이다.
③ 두발 숱이 너무 많을 때 로드에 와인딩(Winding)하기 쉽도록 두발 끝을 1~2㎝ 정도 테이퍼(Taper)할 때의 커트 방법이다.

4) 애프터 커트(After Cut)

퍼머넌트 웨이브(Permanent Wave) 시술 후에 원하는 헤어디자인에 맞도록 수정 커트하는 방법이다.

1-Ⅳ 두발길이가 변화되는 요소

1. 시술각(Projection)

시술각(Projection)은 커트하는 동안 두발이 두상으로부터 들려지는 각도를 말하며 두발의 위아래 길이(층의 높이)가 결정된다. 시술각의 종류로는 자연 시술각(고정각)과 일반 시술각(이동각)이 있다.

1) 자연 시술각(Natural Fall) — 고정각

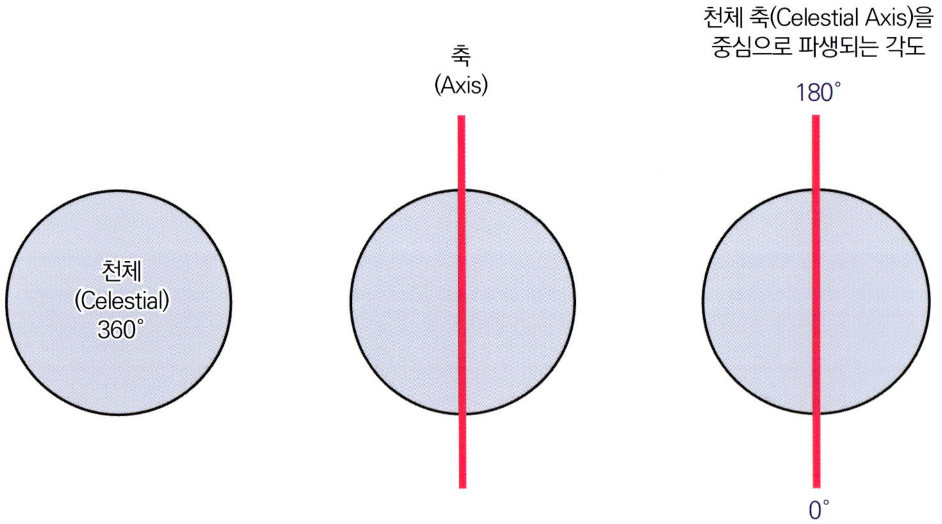

① 천체축(Celestial Axis)은 직선과 곡선, 각도의 방향을 나타내기 위해 사용되는 기호이다.

② 천체축(Celestial Axis)의 주요 각은 0˚, 45˚, 90˚이다.

③ 두발이 두상 곡면 위로부터 밑으로 자연스럽게 떨어졌을 때(Natural Fall) 보이는 모습을 천체축(Celestial Axis) 각도라 한다.

④ 솔리드 커트(Solid Cut)와 그레쥬에이션 커트(Graduation Cut)에 적용되는 각도이다.

⑤ 천체축(Celestial Axis)을 중심으로 각도가 왼쪽 방향과 오른쪽 방향으로 파생되는 고정각의 모양이다.

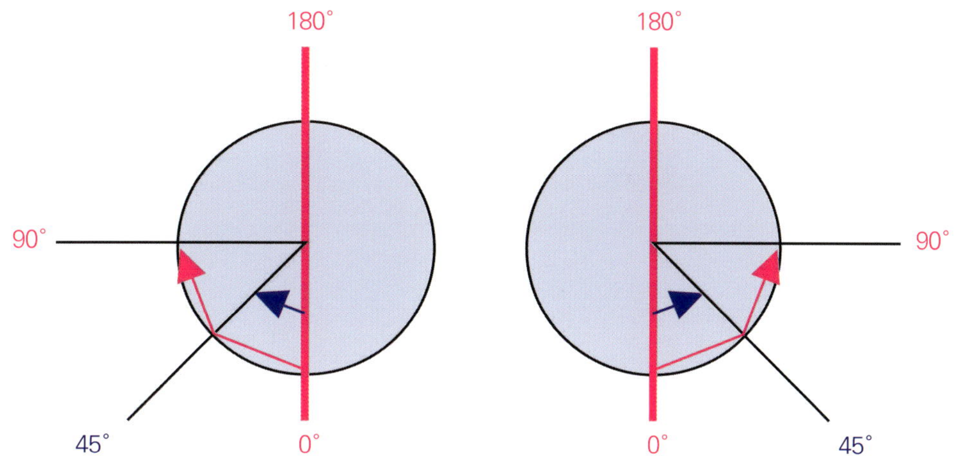

⑥ 천체축(Celestial Axis) 고정각이 두피에 적용된 시술각의 모양이다.

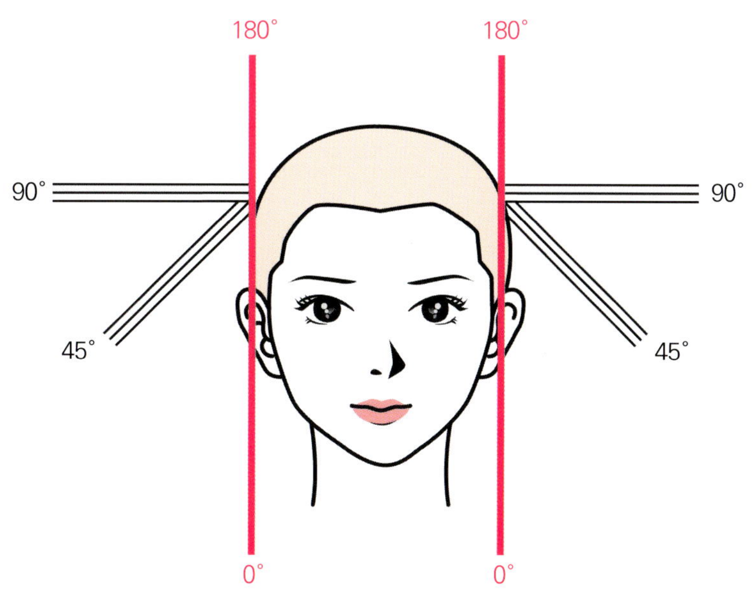

2) 일반 시술각(Normal Projection) — 이동각

① 일반 시술각은 두상 곡면으로부터 머리를 들었을 때 파생되는 각도를 말한다.

② 두상 각도(Head Angle)라 한다.

③ 헤어 디자인(Hair Design)의 구조나 길이 배열을 분석할 때 사용한다.

④ 레이어 커트(Layer Cut)시 적용되는 각도이다.

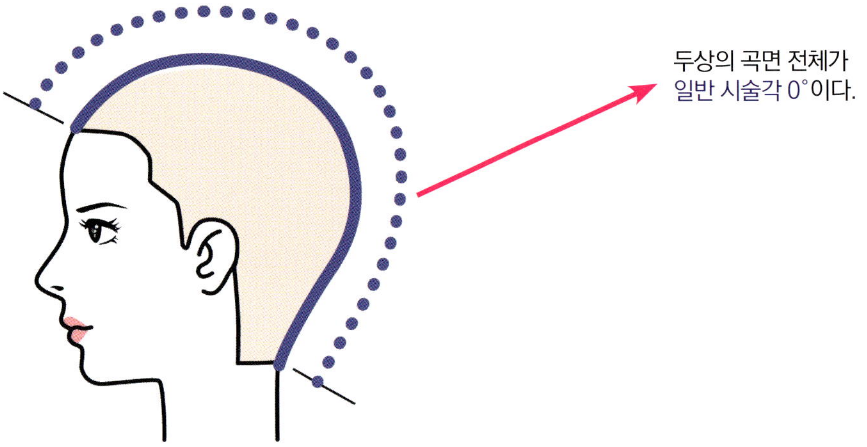

⑤ 동일한 각도가 부위별로 적용되는 일반 시술각(Normal Projection)의 그림이다.

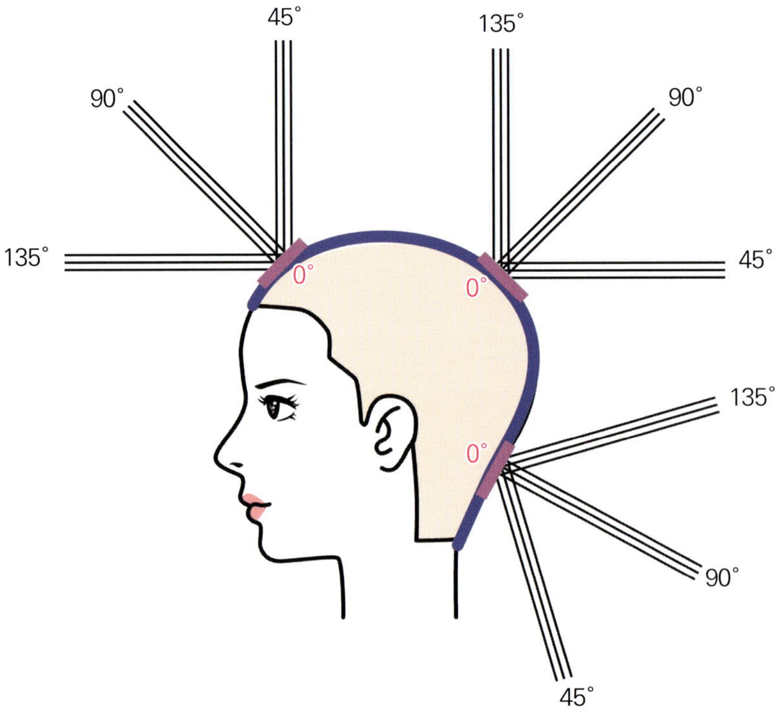

2. 선(Line)과 섹션(Section)의 모양

1) 선(Line)과 두발길이의 변화

① 두발의 형태(머리의 모양과 윤곽) 분석은 기본적인 구성요소인 선(Line)을 이해하고 그 스타일에 맞는 선(Line)을 적용시켜야 한다.

② 선(Line)의 경사도를 급격하게 가를수록 두발길이의 단차는 심하게 표현된다.

③ 섹션(Section)의 모양과 두발을 빗질해 내려오는 빗의 모양, 빗 위에 검지와 중지 손가락이 얹어지는 모양, 중지 손가락 밑에서 커트되는 선(Line)의 모양이 모두 동일해야 한다.

④ 결국 섹션(Section)의 모양과 커트되는 외곽선의 모양은 같다.

섹션(Section)의 모양

빗질해 내려오는 빗의 모양

빗 위에 손가락이 얹어지는 모양

중지손가락 밑에서 커트되는 선 (Line)의 모양

2) 섹션의 모양

① 수평 섹션(Horizontal Section)

ⓐ 일직선 평행선으로 좌우대칭의 섹션이다.

ⓑ 파라렐 커트(Parallel Cut) 스타일에 적용한다.

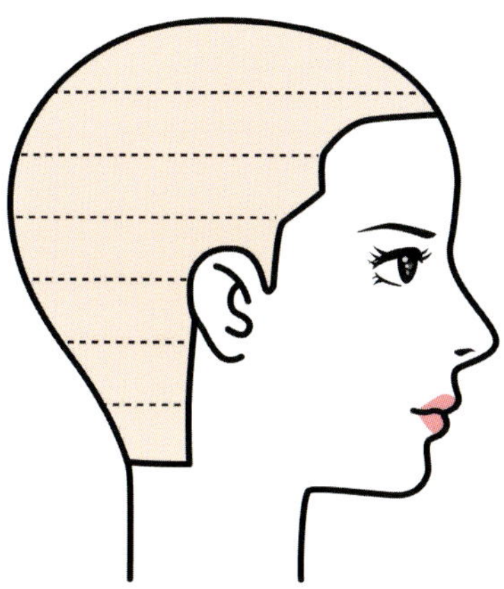

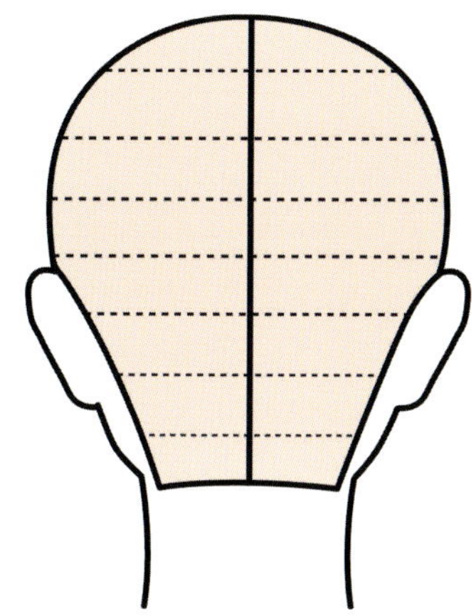

② 수직 섹션(Vertical Section)

ⓐ 두발의 층을 높게 내고 각도 조절이 필요할 때 적용되는 섹션이다.

ⓑ 스퀘어 레이어 커트(Square Layer Cut) 스타일에 적용한다.

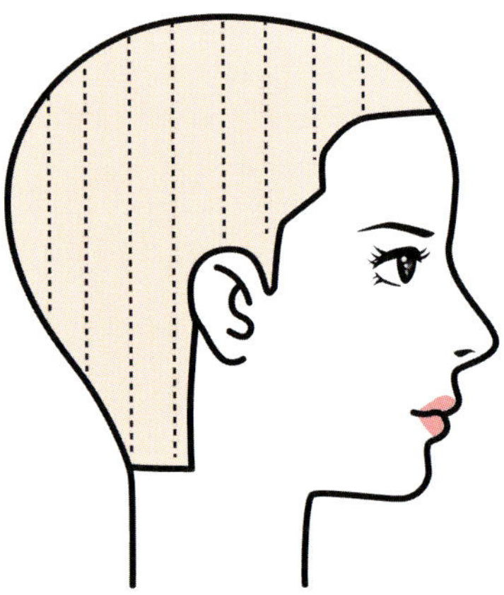

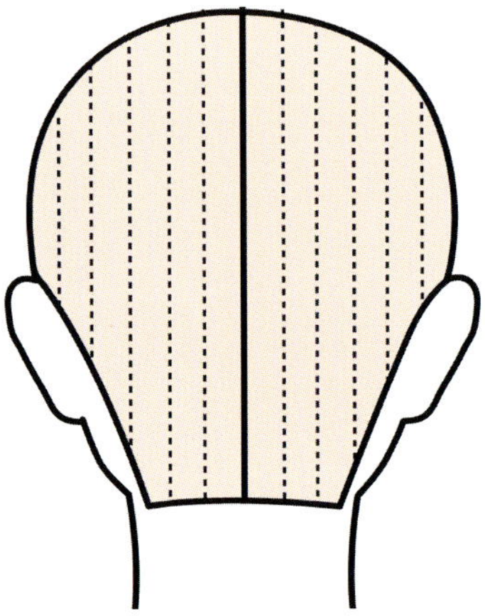

③ 전대각 섹션(Concave Section)

ⓐ 얼굴 기준으로 앞쪽으로 진행하는 선(Line)이다.

ⓑ 앞쪽으로 진행할수록 두발은 길어지게 된다.

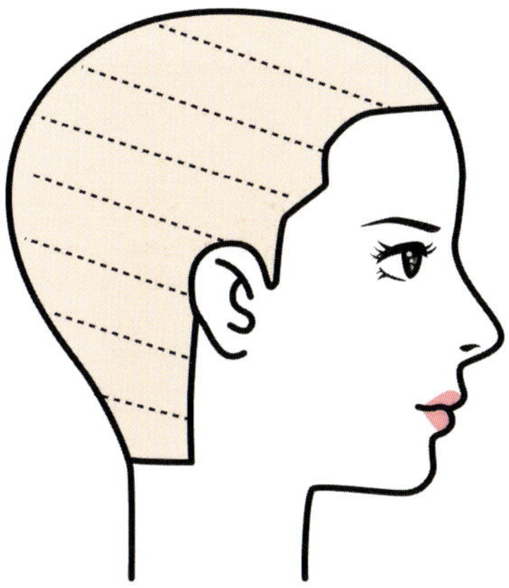

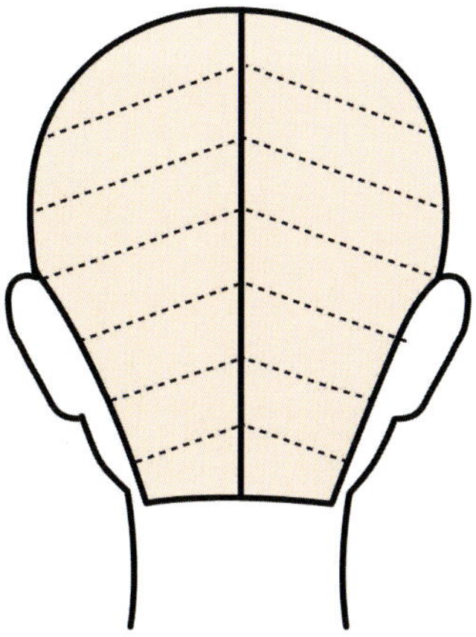

④ 후대각 섹션(Convex Section)

ⓐ 얼굴 기준으로 뒤쪽으로 진행하는 선(Line)이다.

ⓑ 앞쪽으로 진행할수록 두발은 짧아지게 된다.

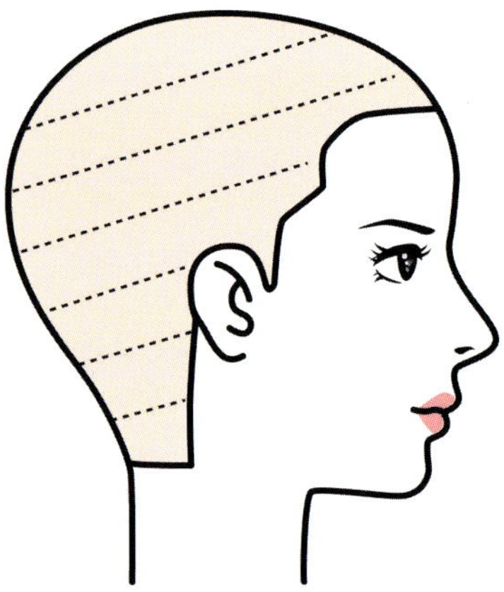

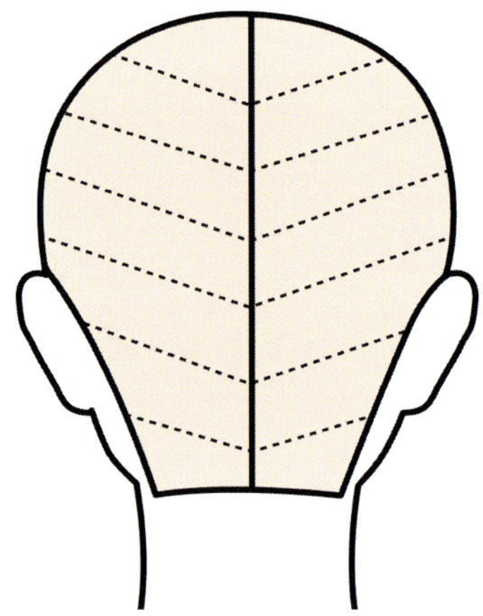

⑤ 방사형 섹션(Pivot Section) 또는 레이디얼 섹션(Radial Section)

ⓐ 중심점에서 방사형으로 나누는 섹션으로 두상의 곡면에 적합한 삼각 섹션이 생긴다.

ⓑ 위로 좁아지는 곡면(G.P) 부분 위에 두발을 커트할 때 적용한다.

ⓒ 미용사(일반) 실기시험 커트종목에 레이어 커트(Layer Cut)를 시술할 때 골든 포인트(G.P)~탑 포인트(T.P) 까지의 두발을 커트할 때 적용한다.

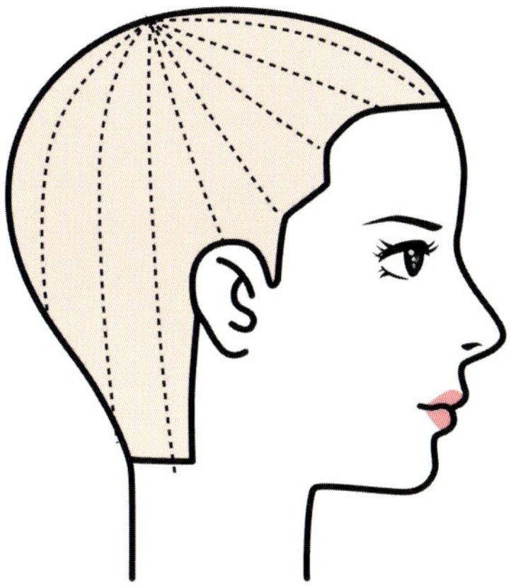
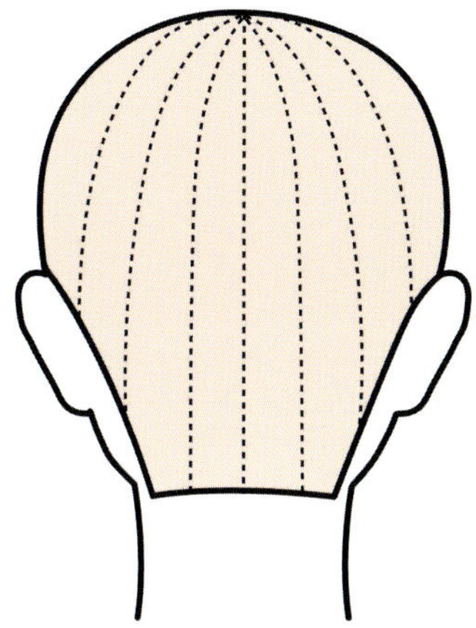

3. 베이스(Base)

1) 두발길이의 변화

① 시술각은 위아래 모양(층)을 결정하는데 사용된다면 베이스는 좌우 길이를 결정 하는데 주로 사용한다.

② 각도로는 위아래 층의 높이로 모양을 만들고 베이스는 좌우의 길이를 결정하여 커트의 형태를 만드는 게 좋다.

③ 어떤 섹션에 어떤 각도와 베이스를 사용하느냐에 따라 어떤 형태의 커트 스타일도 가능하다.

2) 베이스(Base)의 종류

① 온 더 베이스(On The Base)

ⓐ 베이스 중심부분에 두발이 두피로부터 직각(90°)으로 들려지고 양쪽 두발은 가운데로 모아진 접점에서 커트한다.

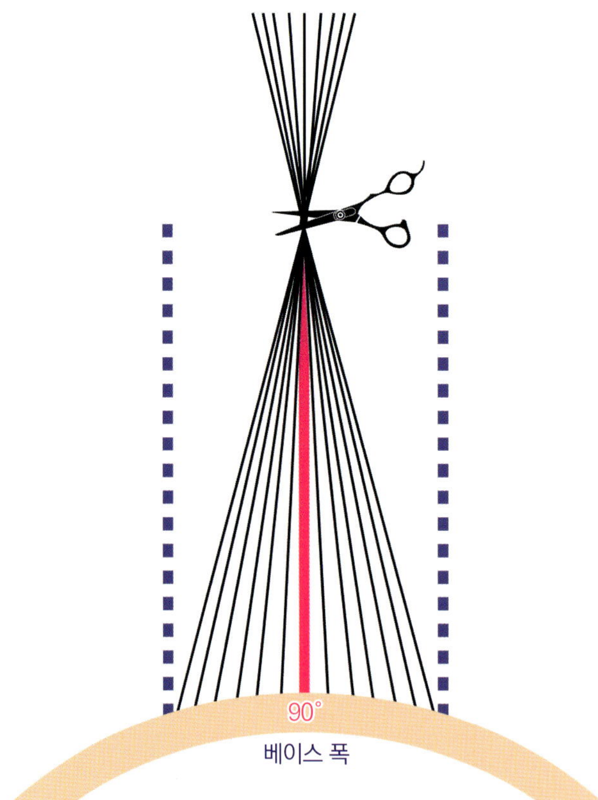

온 더 베이스(On The Base)

ⓑ 두발을 같은 길이로 커트 할 때 적용한다.

ⓒ 베이스 폭이 커질수록 양쪽 두발은 길게 커트된다.

ⓓ 양쪽 두발이 심하게 길어지는 것을 방지하려면 섹션의 폭을 좁게 한다.

ⓔ 유니폼 레이어 커트(Uniform Layer Cut)를 시술할 때 적용한다.

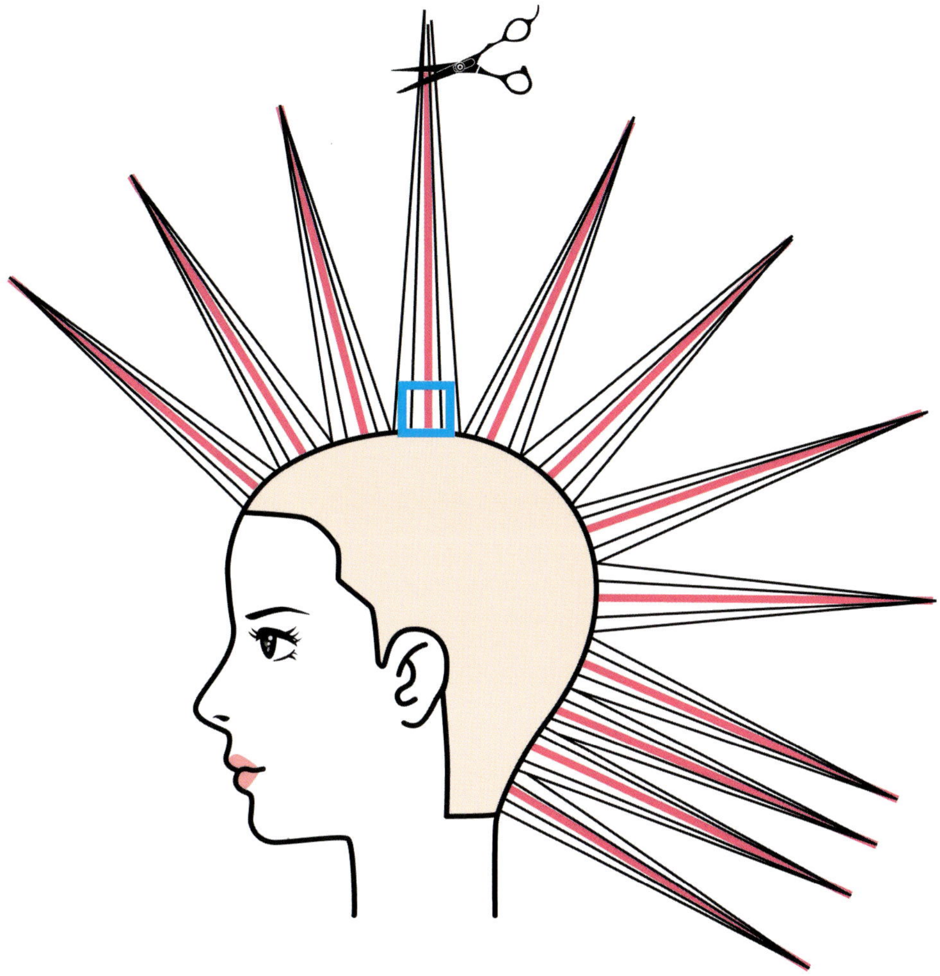

각각의 섹션마다 온 더 베이스(On The Base)로 들려진 상태

② 오프 더 베이스(Off The Base)

ⓐ 두발의 섹션을 한쪽으로 정해 놓고 그 방향으로만 당겨서 커트하는 방법이다.

ⓑ 베이스 바깥쪽 접점에서 커트한다.

ⓒ 어느 한쪽의 두발을 얼마만큼 길게 또는 짧아지게 하려는 지에 따라 당기는 각도는 다르게 적용된다.

ⓓ 한쪽으로 두발이 약간 또는 심하게 길어지게 할 수 있어 어느 한 쪽에 길이 변화를 원할 때 사용한다.

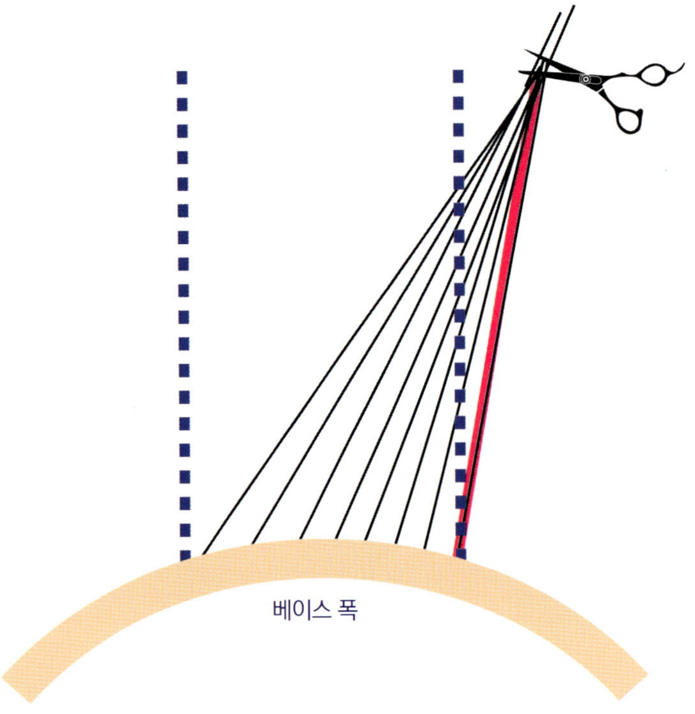

오프 더 베이스(Off The Base)

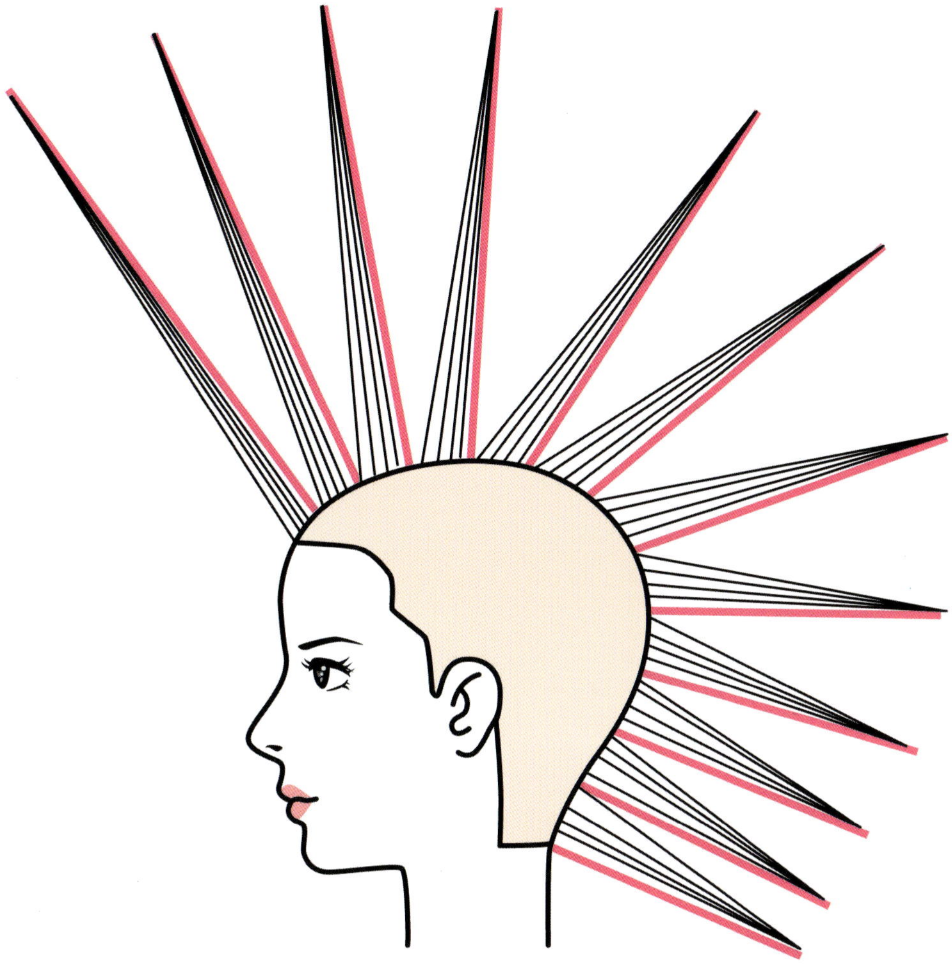

각각의 섹션마다 두발이 오프 더 베이스(Off The Base)로 들려진 상태

③ 사이드 베이스(Side Base)

ⓐ 베이스 한쪽 끝 접점에서 커트한다.

ⓑ 수평 섹션(Horizontal Section)으로 시술할 때 주로 사용한다.

ⓒ 정중선을 중심으로 양 사이드로 점점 길어지거나 짧아지게 할 때 사이드 베이스(Side Base)를 적용한다.

ⓓ 전 패널(바로 전에 커트한 섹션) 쪽으로 현재 커트할 섹션을 당겨서 커트하는 방법이다.

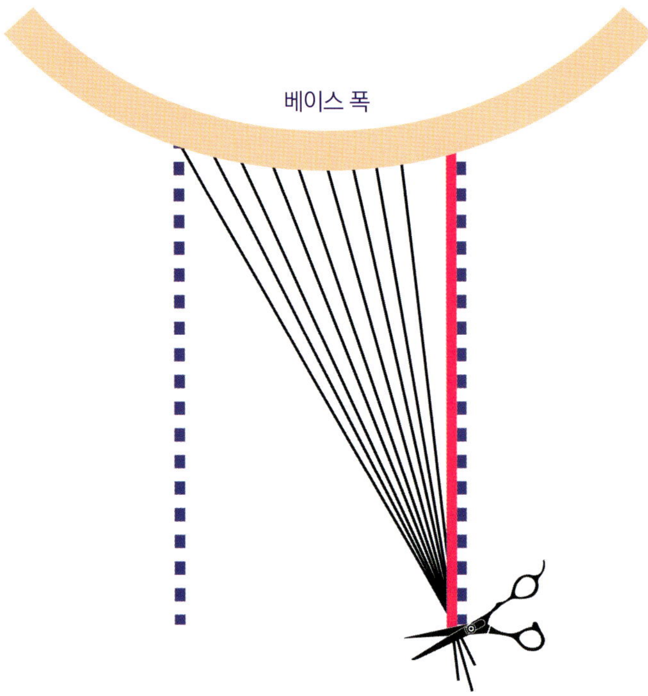

사이드 베이스(Side Base)

ⓔ 정중선 중심 쪽으로 당겨서 시술하면 전대각(Concave) 형태로 커트된다.

ⓕ 양 사이드 쪽으로 당겨서 시술하면 후대각(Convex) 형태로 커트된다.

④ 프리 베이스(Free Base)

ⓐ 베이스 도중에 접점에서 커트한다.

ⓑ 중심 보폭이 2/3 지점으로 이동한다.

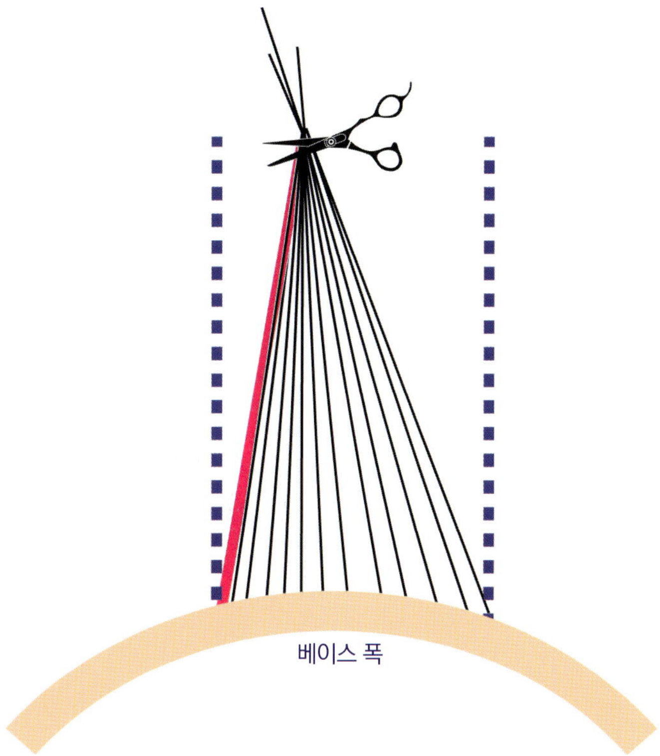

프리 베이스(Free Base)

⑤ 트위스트 베이스(Twist Base)

ⓐ 섹션의 높낮이와 좌우가 틀어진 형이다.

ⓑ 위의 접점과 아래 접점을 이어서 커트한다.

ⓒ 길이의 장단이 좌우 또는 위아래가 다를 때 시술하여 자연스럽게 연결한다.

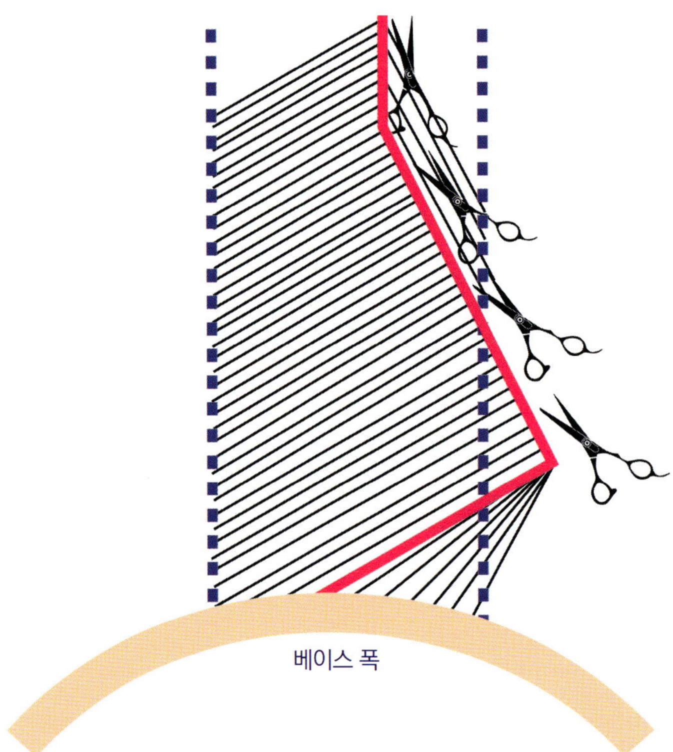

트위스트 베이스(Twist Base)

4. 분배(Distribution)

두상 섹션에 대하여 머리가 빗겨지는 방향을 의미하며, 자연분배, 방향분배, 변이분배, 직각분배가 있다.

1) 자연 분배(Natural Distribution)

① 섹션에 대해 두발이 중력의 방향으로 빗겨진다.

② 솔리드 커트(Solid Cut)를 시술할 때 적용한다.

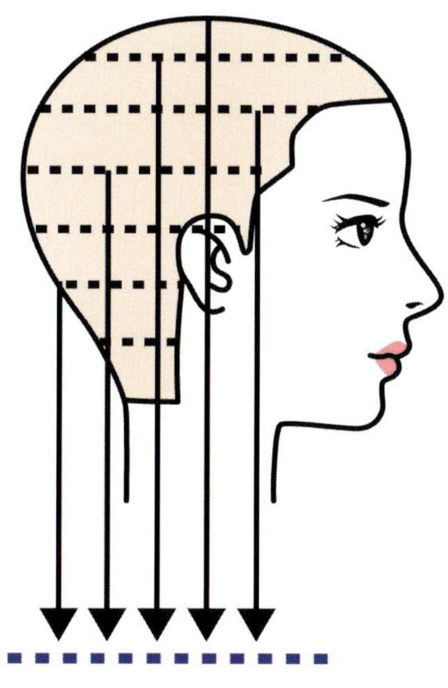

일직선 섹션일 때

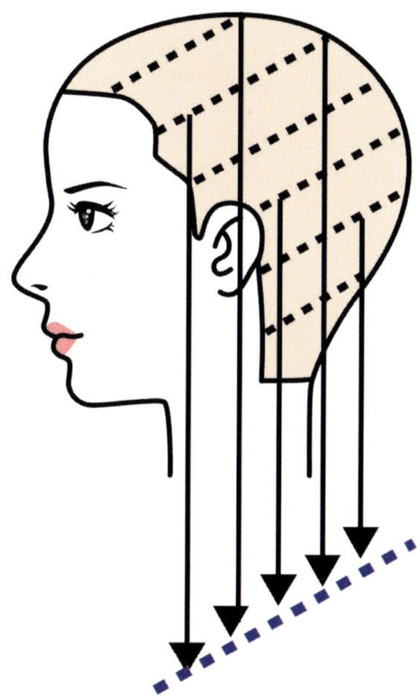

전대각 섹션일 때

2) 직각 분배(Perpendicular Distribution)

① 섹션에 대해 두발이 직각으로 빗겨진다.

② 두상 섹션에 대해 어떠한 모양에서도 두발은 90° 각도로 빗겨진다.

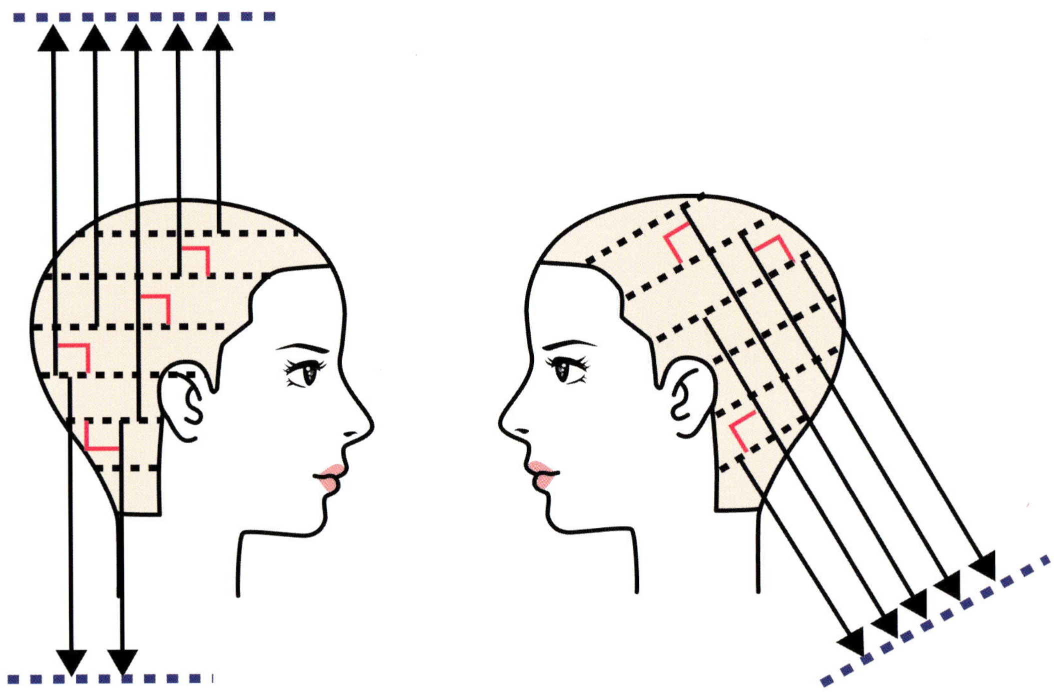

일직선 섹션일 때　　전대각 섹션일 때

3) 방향 분배(Direction Distribution)

① 어떤 방향을 정해 놓고 두발을 그 방향으로 빗질하는 것으로 두상의 곡면 형태가 만들어진다.

② 어느 한 정점으로 모든 머리를 빗질하는 방법으로 레이어(Layer)형을 시술할 때 많이 쓰인다.

③ 한쪽으로 집중됨으로 길이가 다르게 표현될 수 있다.

④ 스퀘어 레이어(Square Layer)를 시술할 때 적용한다.

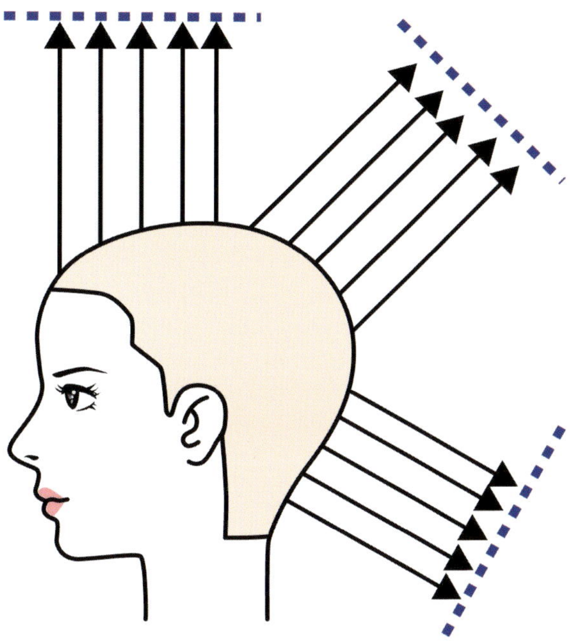

다양한 섹션 적용

4) 변이 분배(Shifted Distribution)

① 섹션에 대해 두발이 임의의 방향으로 빗겨지며 자연분배나 직각분배가 되지 않는다.
② 자연분배와 직각분배 이외의 다른 형태로 빗질할 때 사용한다.
③ 0˚와 90˚를 제외한 모든 각도의 빗질 상태를 말한다.

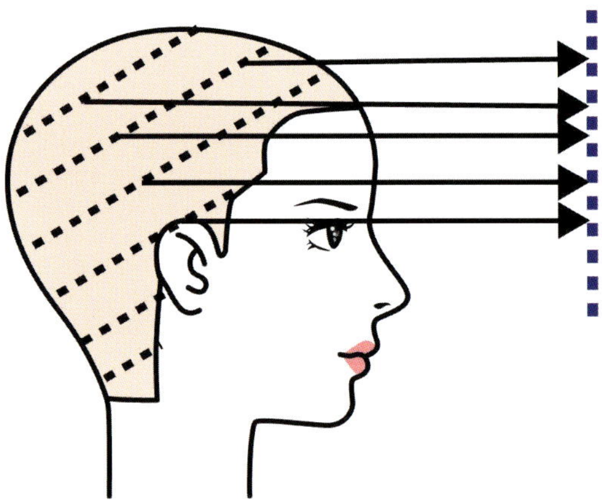

후대각 섹션일 때

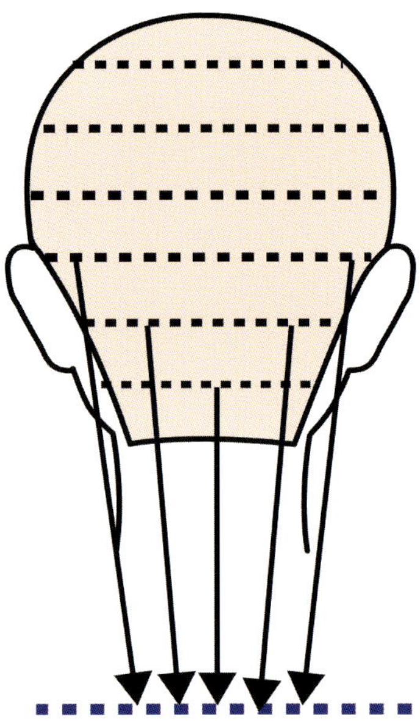

일직선 섹션일 때

5. 가이드라인(Guide Line)

헤어커트를 시술할 때 스타일의 기준이 되는 것으로 처음 커트된 두발 라인을 가이드라인(Guide Line)이라고 한다. 디자인 라인(Design Line)과 베이스 라인(Base Line)이라고도 한다.

1) 고정 가이드라인(Stationary Guide Line)

① 모든 머리가 처음에 결정한 가이드라인(Guide Line) 한곳으로 모아져 커트된다.
② 솔리드(Solid), 네츄럴 인버전(Natural Inversion), 스퀘어 레이어(Square Layer) 커트에 적용하는 가이드라인(Guide Line)이다.
③ 그레쥬에이션 커트(Graduation Cut)의 인테리어(Interior) 부위에서 일부 적용된다.

네츄럴 인버전(Natural Inversion) 커트 시 고정 가이드라인(Stationary Guide Line) 위치	스퀘어 레이어(Square Layer) 커트 시 고정 가이드라인 (Stationary Guide Line) 위치

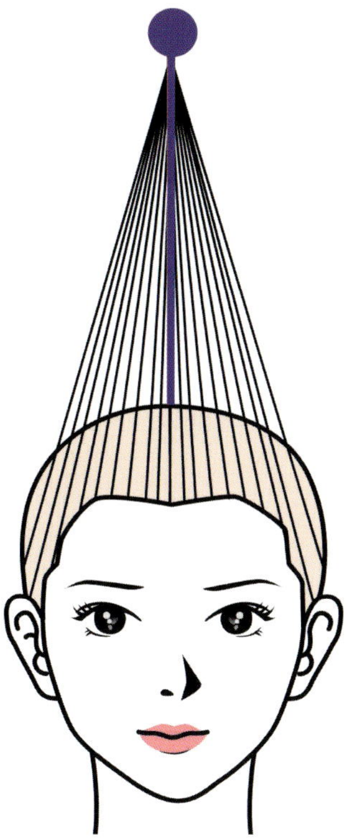

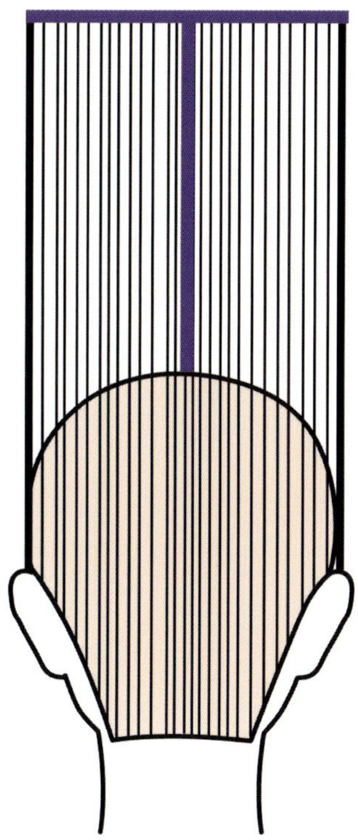

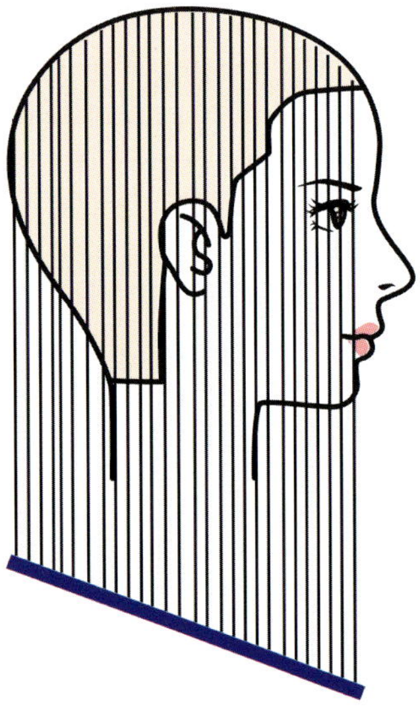

스파니엘(Spaniel) 커트 시
고정 가이드라인(Stationary Guide Line) 위치

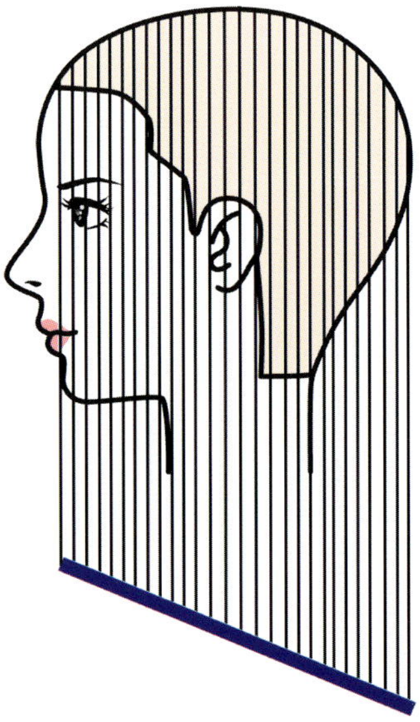

이사도라(Isadora) 커트 시
고정 가이드라인(Stationary Guide Line) 위치

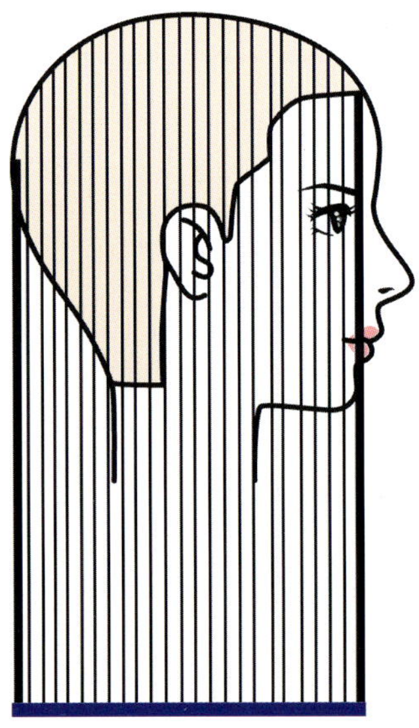

파라렐(Parallel) 커트 시
고정가이드라인(Stationary Guide Line) 위치

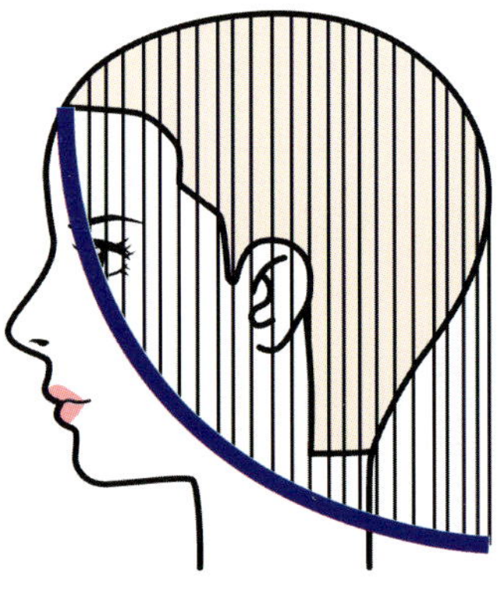

머슈룸(Mushroom) 커트 시
고정가이드라인(Stationary Guide Line) 위치

2) 이동 가이드라인(Mobile Guide Line)

① 먼저 커트된 가이드라인(Guide Line)은 다음 커트되는 섹션 밑에서 가이드라인 (Guide Line)이 된다.

② 가이드라인(Guide Line)은 위로 진행되면서 다음에 커트되는 섹션 밑으로 계속 이동한다.

③ 인 레이어(In-layer)커트에 적용한다.

④ 그레쥬에이션(Graduation) 커트에 일부분 적용한다.

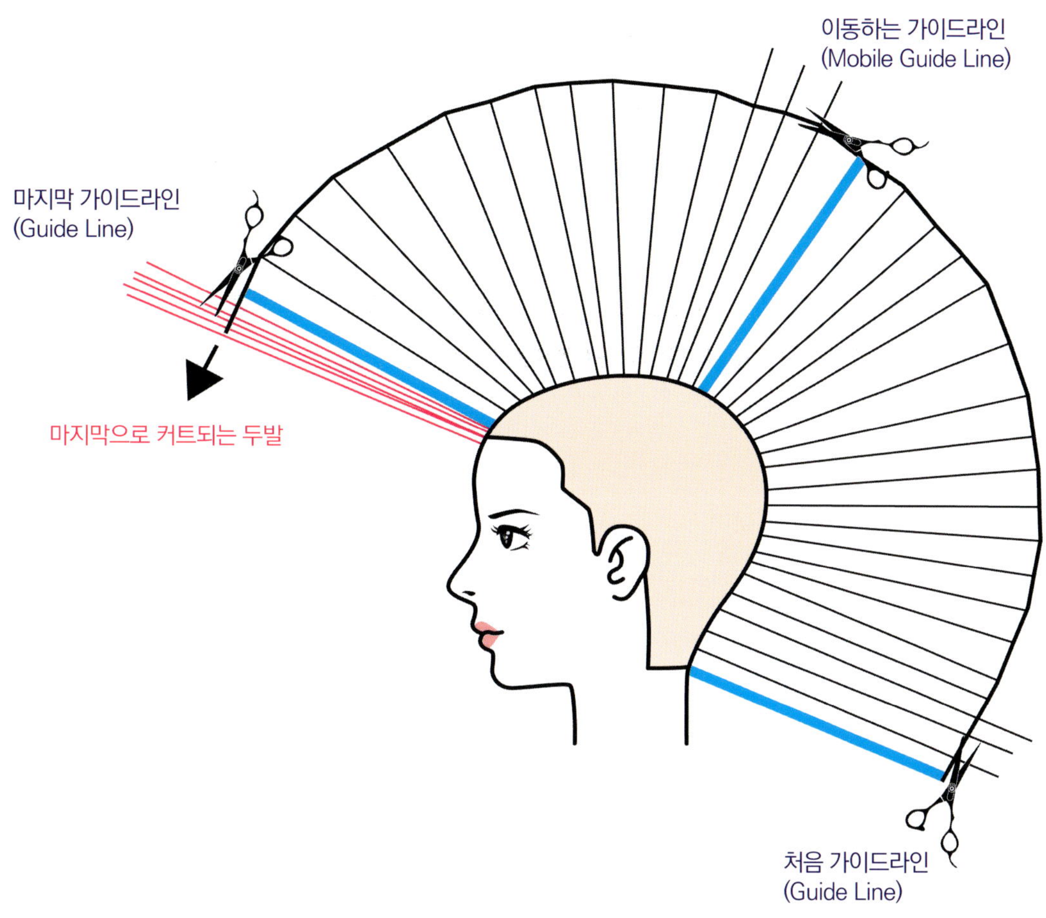

3) 더블 가이드라인(Double Guide Line)

① 짧은 베이스라인 위에 긴 베이스 라인을 얹어 커트하는 기법이다.

② 쇼트(Short)형의 솔리드 커트(Solid Cut)를 시술할 때 적용한다.

③ 웨이브 상태의 솔리드 커트(Solid Cut)를 시술할 때에는 긴 베이스 라인을 더욱 더 길게 커트한다.

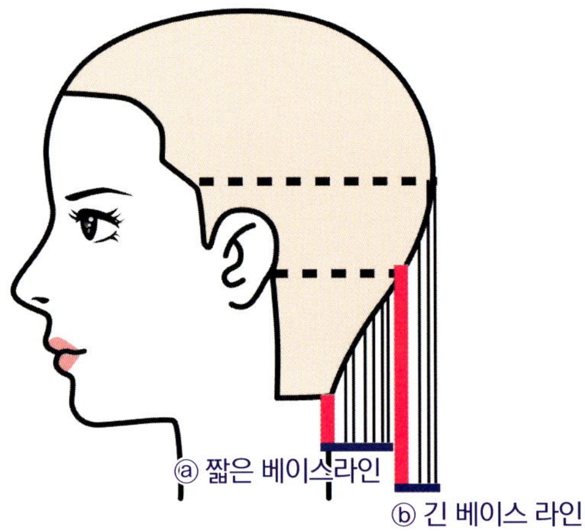

4) 다중 가이드라인(Multi Guide Line)

① 스타일의 완성도를 높이기 위해 두발길이의 증가와 감소를 1차 2차 3차로 가이드라인(Guide Line)을 지정하며 커트하는 방법이다.

② 스퀘어 레이어 커트(Square Layer Cut)에 적용한다.

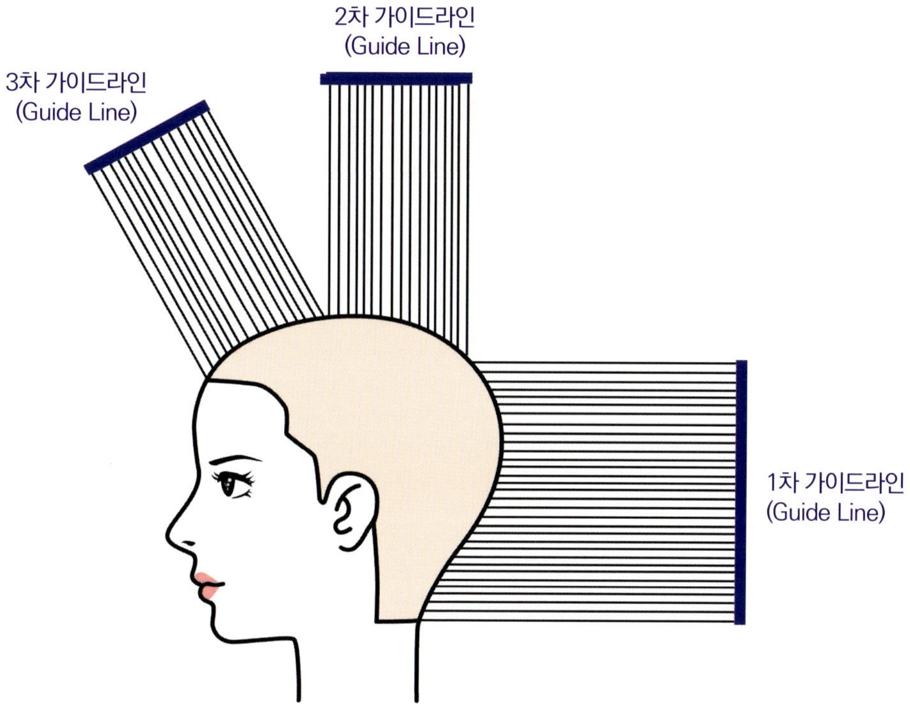

③ 그레쥬에이션 커트(Graduation Cut)에 이동 가이드라인(Mobile Guide Line)과 고정 가이드라인(Stationary Guide Line)이 함께 적용 된다.

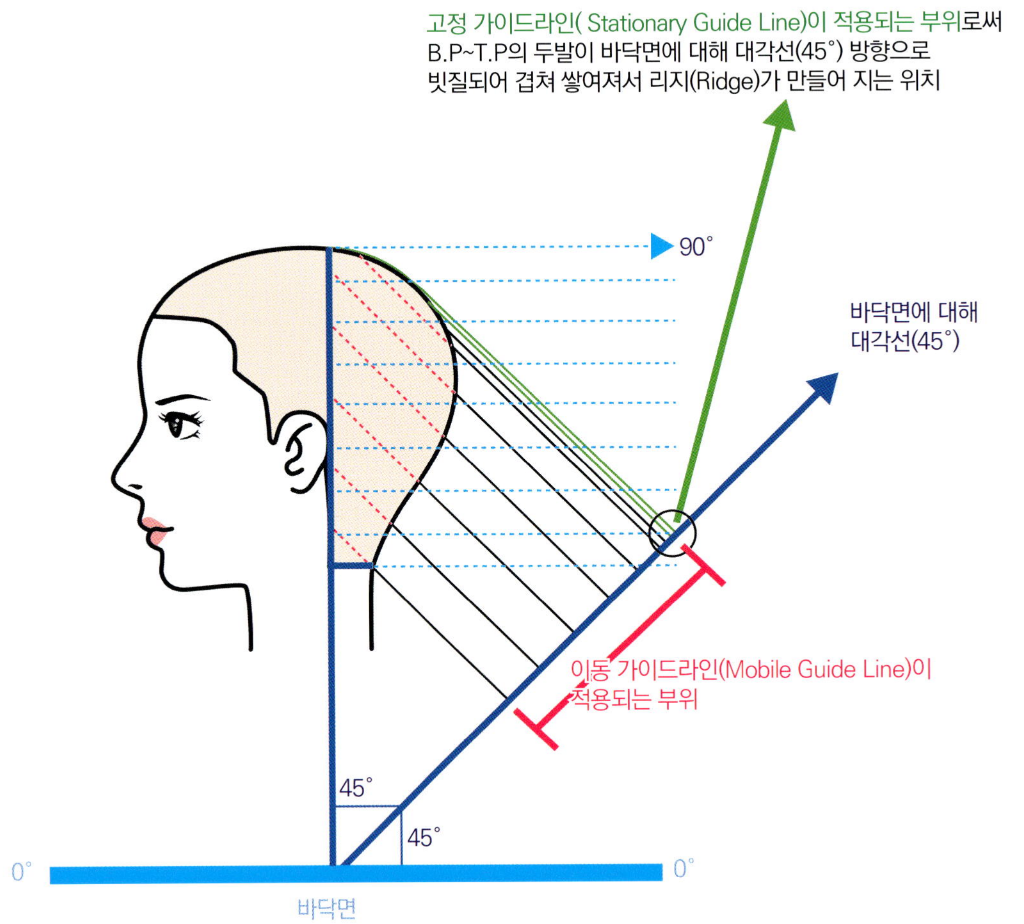

Ladies Haircut

Chapter 2 솔리드 커트(Solid Cut)

2-Ⅰ 솔리드 커트(Solid Cut)의 정의와 종류

1. 솔리드 커트(Solid Cut)의 정의

① 동일 선상의 길이로 전형적인 단발 스타일을 말한다.

② 모든 길이가 같은 위치에 떨어지므로 단차(층)가 없다.

③ 층이 없어 무게감이 최대이다.

④ 층이 없어 잘린 두발의 끝이 보이지 않는다.

⑤ 자연시술각 0°로 커트한다.

2. 솔리드 커트(Solid Cut)의 종류와 특징

1) 솔리드 커트(Solid Cut)의 종류

① 파라렐(Parallel)	② 스파니엘(Spaniel)	③ 이사도라(Isadora)	④ 머슈룸(Mushroom)
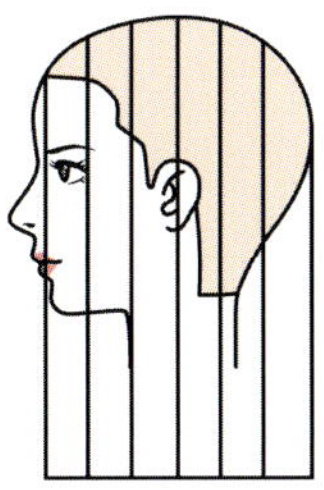	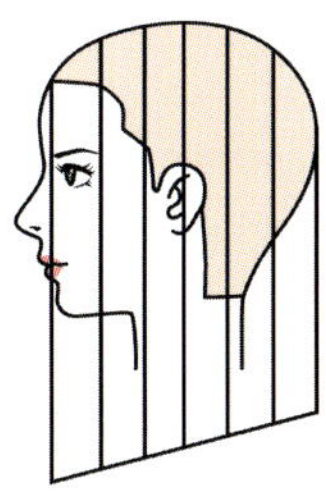	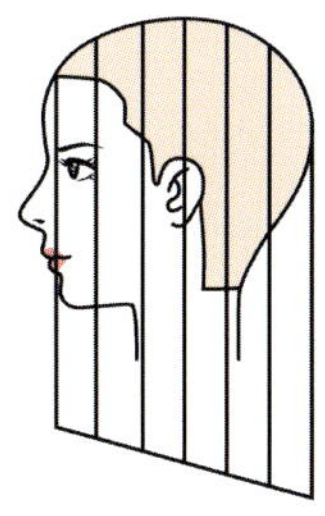	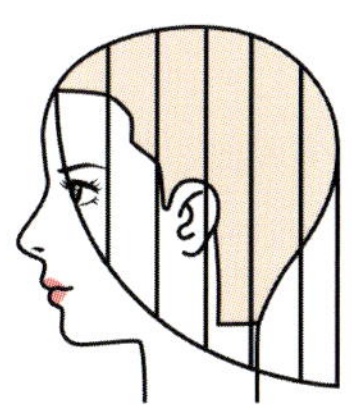

2) 솔리드 커트(Solid Cut)의 종류별 특징

① 파라렐(Parallel)

ⓐ 안정감이 있다.

ⓑ 계란형 얼굴에 잘 어울린다.

② 스파니엘(Spaniel)

ⓐ 목이 길어 보이기 때문에 전신의 키가 커 보일 수 있다.

ⓑ 기다란 귀가 앞으로 처져 있는 작은 강아지 이름에서 붙여진 스타일이다.

③ 이사도라(Isadora)

ⓐ 코를 높게 보이게 하고, 튀어나온 턱을 커버할 수 있다.

ⓑ 백 센터 부분이 길어지기 때문에 무게감에 의해 키가 작아 보인다.

④ 머슈룸(Mushroom)

ⓐ 버섯을 엎어놓은 것 같은 실루엣의 아주 짧은 보브(Bob)형이다.

ⓑ 머리끝이 안쪽으로 말려 들어간 것이 특징이라 할 수 있다.

3. 솔리드 커트(Solid Cut) 시술방법

1) 시술각(Projection)

자연시술각 0°로 같은 높이에 떨어지는 위치에서 커트한다.

2) 두발의 모양

① 자연스럽게 빗질해 두발이 떨어지는 위치(자연시술각 0°)에서 커트한다.

② 전부 일직선(—)으로 커트 한다.

③ 선과 선(가운데로부터 양옆으로)의 연결을 정확히 한다.

④ 동일선상(두발 끝이 밑으로 떨어진 위치에서 커트 한다.

3) 빗과 가위동작

① 최소한의 텐션(Tension)을 주면서 커트하기 위해 빗살을 사용하여 길이를 조절할 수 있다.

② 빗은 섹션(Section)의 선(Line) 모양과 동일하게 평행하게 빗겨 내린다.

③ 가위는 빗에 평행하게 놓여져야 한다.

4) 손가락 위치

① 손가락 위치는 커트될 선(Line) 모양을 결정한다.

② 빗과 평행한 손가락 위치는 솔리드(Solid) 형을 만드는데 가장 많이 사용된다.

5) 텐션(Tension)

① 웨이브(Wave)와 스트레이트(Straight —생머리)의 모든 두발은 텐션(Tension)을 많이 주면 겉 머리가 짧아져 층이 형성된다.

② 특히 귀 위쪽을 커트할 때 심하게 나타나는데 헤어라인과 튀어나온 귀에 텐션(Tension)을 너무 많이 주면 길이가 고르지 않게 나올 수 있다.

③ 텐션(Tension)을 주지 않기 위한 방법으로는 물을 적게 뿌리고 빗살이 굵은 쪽을 사용해 빗겨 내려온 후 커트될 라인(Line)위에 손가락을 끼워 잡고 커트한다.

Tip

▶ 솔리드(Solid) : 속까지 딴딴한
▶ 원랭스(One Length) : 한 개의 길이
▶ 블런트(Blunt) : 무딘
▶ 보브(Bob) : 단발

Tip

프리핸드(Free Hand—감각커트)

1) 적용하는 스타일

① 쇼트(Short) 길이의 짧은 솔리드(Solid) 형을 시술할 때 적용한다.
② 두발 숱이 적은 롱(Long) 스타일의 솔리드(Solid) 형을 시술할 때 적용한다.
③ 웨이브(wave) 가 있는 스타일에 층이 발생하지 않도록 할 때 적용한다.

2) 커트기법

① 두발에 텐션(Tension)이 들어가는것을 방지하기 위해 손가락이나 다른 어떠한 도구도 사용하지 않는 상태에서 커트하는 방법이다.
② 왼손으로 두발을 빗겨내려 가지런히 정돈한 후 텐션(Tension)이 들어가지 않도록 빗을 뺀다.
③ 오른손의 가위를 평행하게 잡고 원하는 길이에서 커트한다.
④ 커트한 부분을 다시 빗질해 튀어나온 두발을 정리한다.

2-Ⅱ 솔리드 커트(Solid Cut) 실기

1. 파라렐 커트(Parallel Cut)

1) 스타일(Style)의 개요

① 앞뒤 두발의 길이가 동일하게 일직선으로 연결된 스타일이다.

② 층이 발생하지 않는다.

2) 외곽선의 도해도

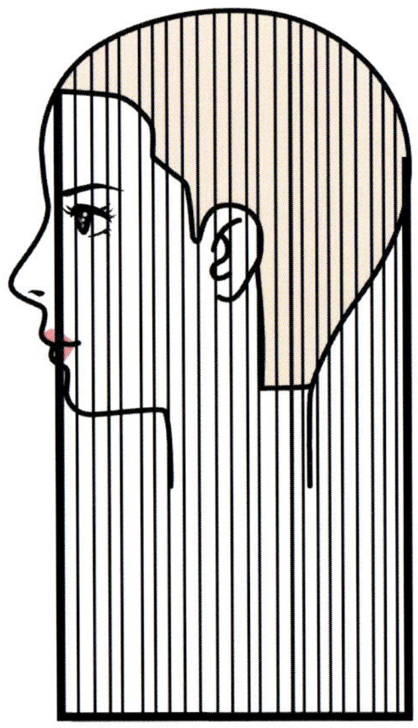

옆모습

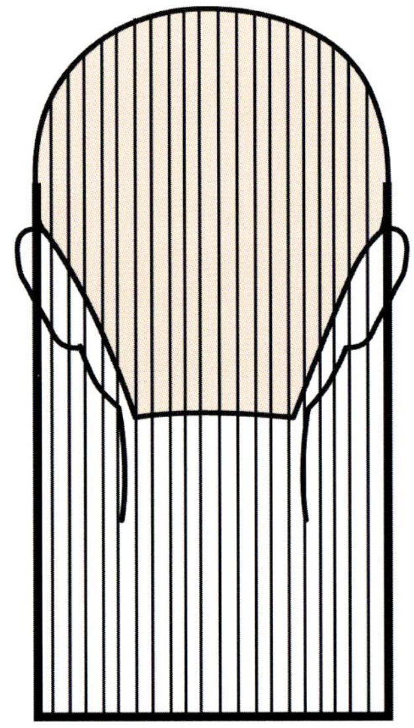

뒷모습

3) 시술준비

파트(Part)	센터파트(Center Part)
블로킹(Blocking)	4등분
앞뒤단차	0㎝
슬라이스(Slice) 폭	1~2㎝
시술각(Projection)	0°(자연시술각)
섹션(Section)	일직선(—) 평행
베이스(Base)	—
분배(Distribution)	자연분배
고정 가이드라인 (Stationary Guide Line)	네이프 라인(Nape Line)에서 20㎝

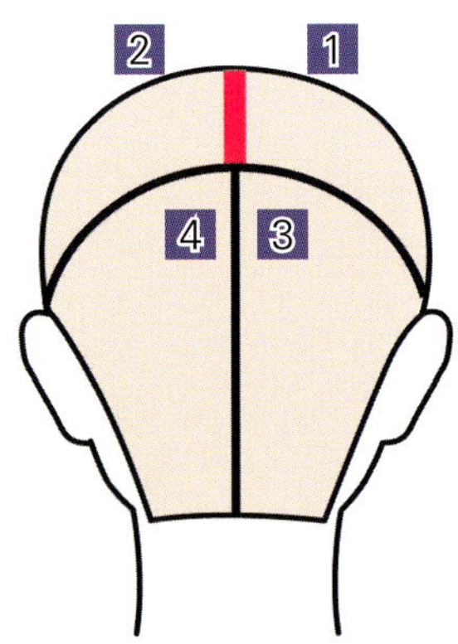

블로킹순서와 모양

4) 가이드라인(Guide Line) 커트기법

① 가이드라인(Guide Line) 두발을 일직선 평행으로 내린다.

② 슬라이스(Slice) 폭은 2㎝로 한다.

③ 가이드라인(Guide Line) 두발길이는 네이프 라인(Nape Line)에서 20㎝로 한다.

④ 자연시술각 0°에서 N.P에 두발 한 가닥을 20㎝로 커트한다.

⑤ N.P에 20㎝ 길이와 연결해 정중선 부위를 일직선으로 커트한다.

⑥ 정중선 부위에 일직선 커트라인과 연결해 오른쪽 두발을 커트한다.

⑦ 오른쪽에 커트한 N.S.P 두발길이를 재어 왼쪽 N.S.P 두발을 커트한다.

⑧ 양쪽 N.S.P에 두발길이를 확인한다.

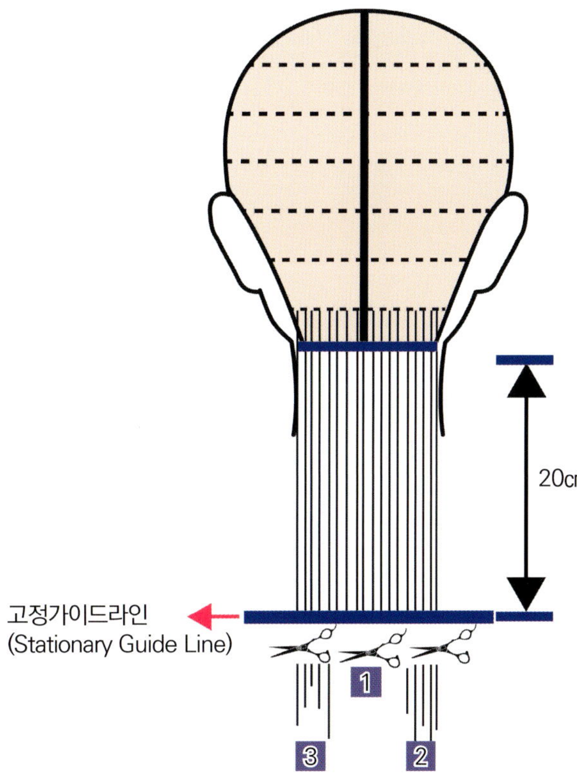

5) 두정부(Crown) 커트기법

① 두 번째 섹션의 두발을 일직선 평행으로 내린다.

② 슬라이스 폭은 2㎝로 한다.

③ 자연시술각 0˚로 빗겨내려 가이드라인(Guide Line) 길이에 맞춰서 커트한다.

④ 각각의 섹션마다 정중선 부위에 두발을 먼저 커트하고 오른쪽과 왼쪽 순서로 시술한다.

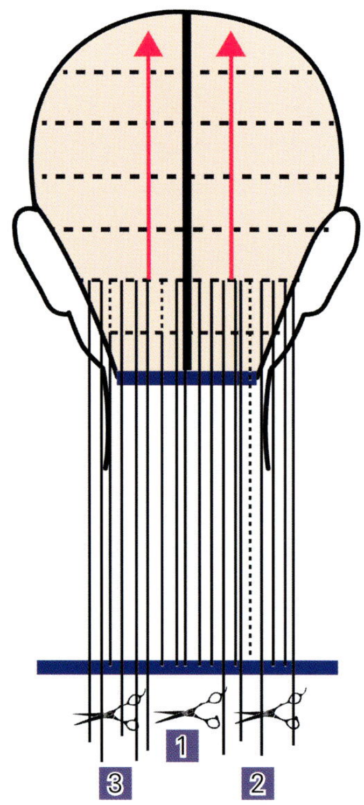

⑤ 세 번째 섹션과 네 번째 섹션을 두 번째 섹션과 동일하게 커트한다.

⑥ 인테리어(Interior)부위의 섹션 두발은 두피 위에 자연스럽게 위치해 내려오다가 B.P부터 다시 자연분배로 커트한다.

⑦ 두정부(Crown) 양옆에 두발길이를 확인한다.

6) 오른쪽 측두부(Right Side) 커트기법

① 가이드라인(Guide Line) 두발을 일직선 평행으로 내린다.

② 슬라이스(Slice) 폭은 2㎝로 한다.

③ 두정부 커트라인과 일직선 평행으로 연결해 커트한다.

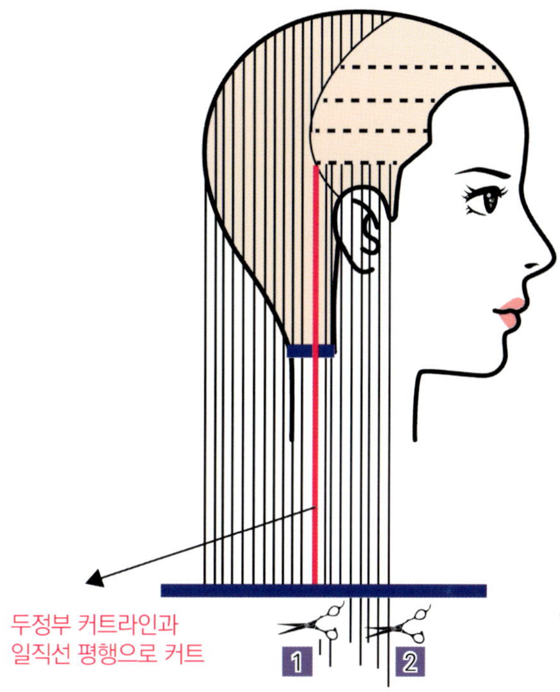

Tip

▶ 귀 볼로 인해 공기감이 형성되어 옆머리가 짧게 올라가는 길이를 감안해 커트한다.
▶ 슬라이스를 여러 번으로 나누어 시술할 경우 층이 발생할 수 있다.

④ 두 번째 세 번째 섹션을 가이드라인(Guide Line) 길이에 맞춰서 앞쪽부터 커트한다.

⑤ 네 번째 다섯 번째 섹션의 두발이 페이스 라인(Face Line) 앞으로 내려오지 않도록 두상의 모양대로 자연스럽게 빗겨서 커트한다.

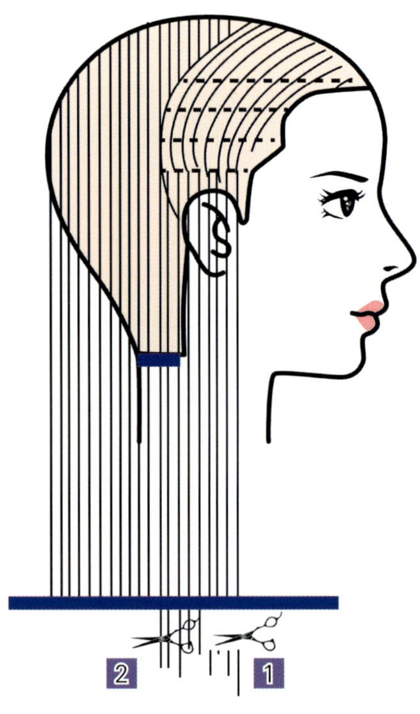

7) 왼쪽 측두부(Left Side) 커트기법

① 가이드라인(Guide Line) 두발을 일직선 평행으로 내린다.

② 슬라이스(Slice) 폭은 2㎝로 한다.

③ 오른쪽 S.C.P의 두발길이를 재어 왼쪽 S.C.P에 두발을 커트한다.

④ 우측 뒤에서 커트된 라인과 S.C.P에 표시해둔 커트라인을 연결해 커트한다.

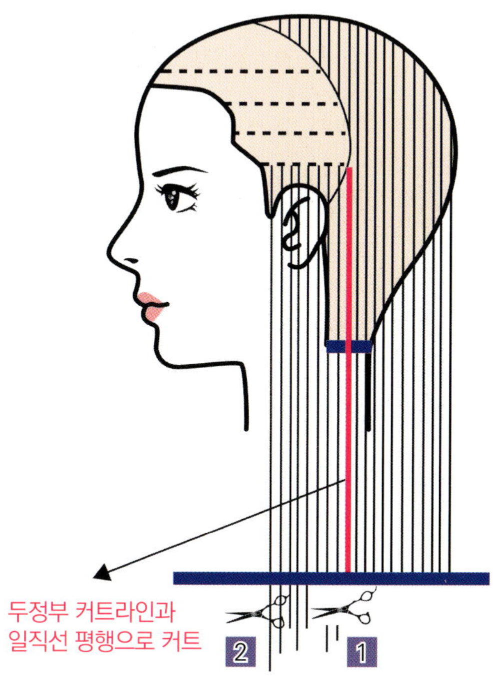

⑤ 두 번째 섹션부터 다섯 번째 섹션까지 오른쪽에서 시술한 방법과 동일하게 커트한다.

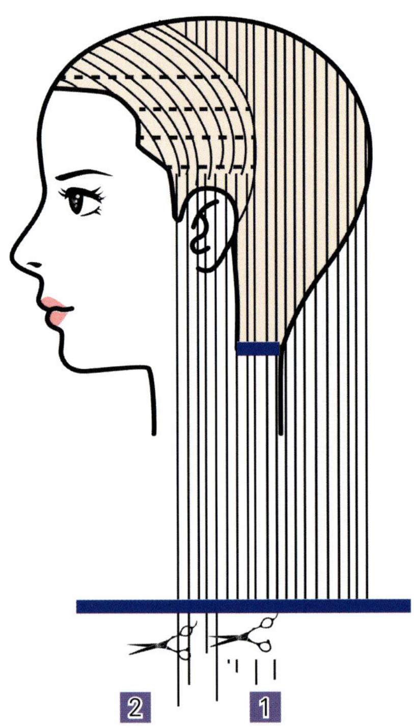

8) 마무리 체크 커트(Check Cut)

① 중력에 의해 자연스럽게 떨어지는 흐름대로 빗겨내려 튀어나온 두발이 없는지 확인한다.

② 센터 파트(Center Part)를 기준으로 양 사이드(Side)의 두발길이가 같은지 확인한다.

9) 완성된 디자인

2. 스파니엘 커트(Spaniel Cut)

[한국기술자격검정원 미용사(일반) 실기시험 규격]

1) 스타일(Style)의 개요

① 윗머리가 자연스럽게 밑으로 떨어져 층이 발생하지 않는다.

② 뒷부분은 짧고 앞으로 가면서 점점 길어져 외곽선에서만 단차가 발생하는 스타일(Style)이다.

2) 외곽선의 도해도

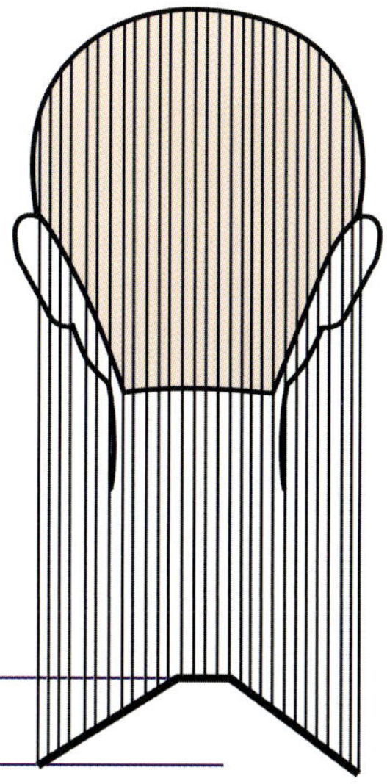

뒷모습

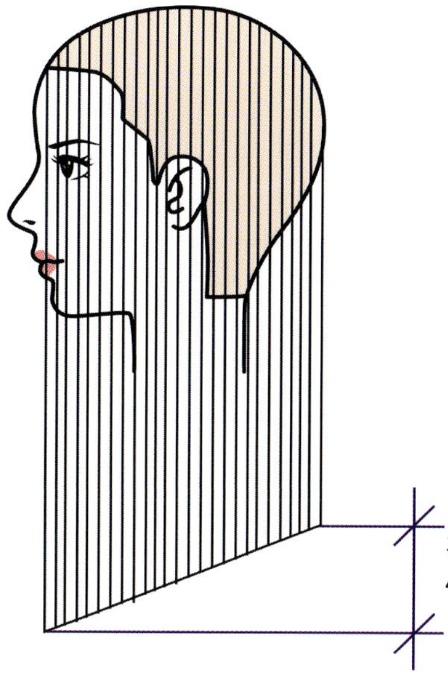

옆모습

3) 시술준비

파트(Part)	센터파트(Center Part)
블로킹(Blocking)	4등분
앞뒤단차	4~5㎝
슬라이스(Slice) 폭	1~2㎝
시술각(Projection)	0°(자연시술각)
섹션(Section)	전대각(Concave)
베이스(Base)	—
분배(Distribution)	자연분배
고정 가이드라인(Stationary Guide Line)	네이프 라인(Nape Line)에서 10㎝

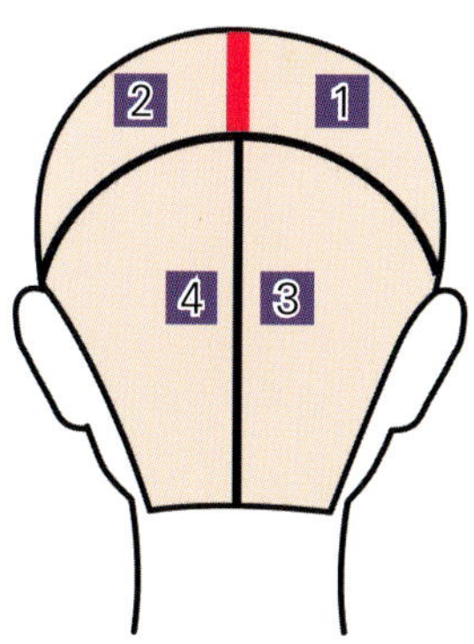

블로킹순서와 모양

4) 가이드라인(Guide Line)커트기법

① N.P에 2㎝ 양쪽 N.S.P는 1㎝를 올려 전대각(Concave) 섹션으로 슬라이스(Slice) 한다.

② 가이드라인(Guide Line) 두발길이는 네이프 라인(Nape Line)에서 10㎝로 한다.

③ 자연시술각 0˚에서 N.P에 두발 한 가닥을 10㎝로 커트한다.

④ N.P에 10㎝ 길이와 연결해 정중선 부위 2㎝정도를 일직선으로 커트한다.

⑤ 정중선에 일직선으로 커트된 라인과 연결해 전대각(Concave) 섹션의 경사진 모양과 평행하게 커트한다.

⑥ 오른쪽 N.S.P 두발길이를 재어 왼쪽 N.S.P 두발에 표시하고 섹션의 경사진 모양과 평행하게 커트한다.

⑦ 정중선에 두발길이는 10㎝ 양쪽 N.S.P에 두발길이는 11㎝로 완성된다.

⑧ 양쪽 N.S.P에 두발길이를 확인한다.

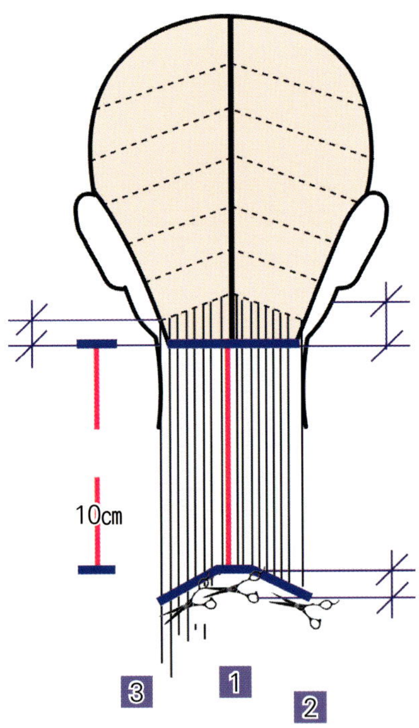

Tip

섹션과 커트라인의 모양

빗을 섹션모양과 평행하게 위치해 빗질하고 빗과 평행하게 두발을 잡고 두발을 잡은 손가락과 평행하게 가위 날을 대고 커트한다.

5) 두정부(Crown) 커트기법

① 두 번째 섹션을 가이드라인(Guide Line) 섹션의 사선과 평행하게 두발을 슬라이스(Slice)한다.

② 슬라이스(Slice) 폭은 2㎝로 한다.

③ 빗을 경사진 섹션모양과 평행으로 위치해 내려오고 두발을 잡는 손가락도 빗과 평행으로 가위날 역시 경사진 손가락과 평행으로 커트한다.

④ 이렇게 커트된 양옆에 두발은 가이드라인(Guide Line)의 경사도 보다 1㎝정도 더 길어지게 커트되어 N.P에 두발길이보다 2㎝정도 길어지게 커트 된다.

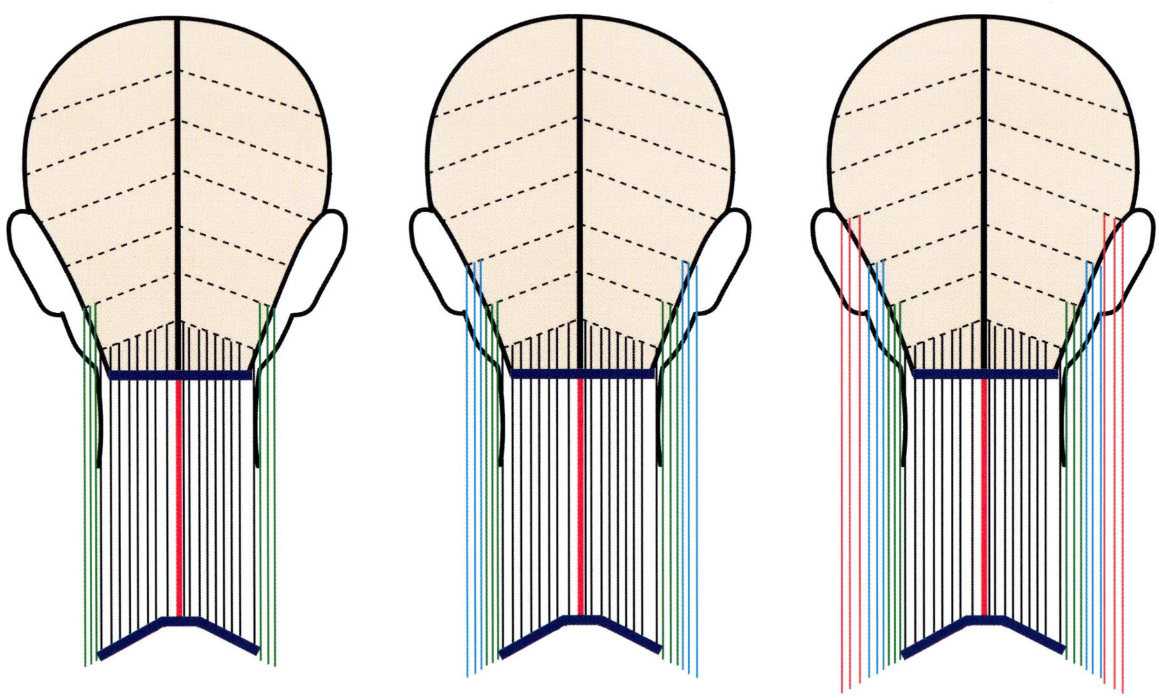

두 번째 섹션의 단차발생 빈도 | 세 번째 섹션의 단차발생 빈도 | 네 번째 섹션의 단차발생 빈도

⑤ 세 번째 섹션을 경사진 섹션모양과 평행하도록 커트하면 옆으로 단차가 더 발생 한다.

⑥ 네 번째 섹션도 1㎝정도 더 단차가 발생한다.

⑦ 다섯 번째 섹션은 두상둘레가 가장 넓은 백 포인트(B.P)부위로써 단차가 발생하는 마지막 섹션이다. 이 섹션에서 3~4㎝의 단차가 반드시 발생해야 한다.

⑧ 백 포인트(B.P)부위를 기점으로 두상은 안쪽으로 좁아져 경사도가 낮아지게 됨으로 더 이상의 길어지는 단차가 발생하지 않는다.

⑨ 두상 둘레가 가장 넓은 부위의 정중선에 층의 수직높이가 3~4㎝ 발생한다.

⑩ 외곽선의 커트라인 정중선에 층의 수직높이도 3~4㎝가 같은 모양으로 발생한 다.

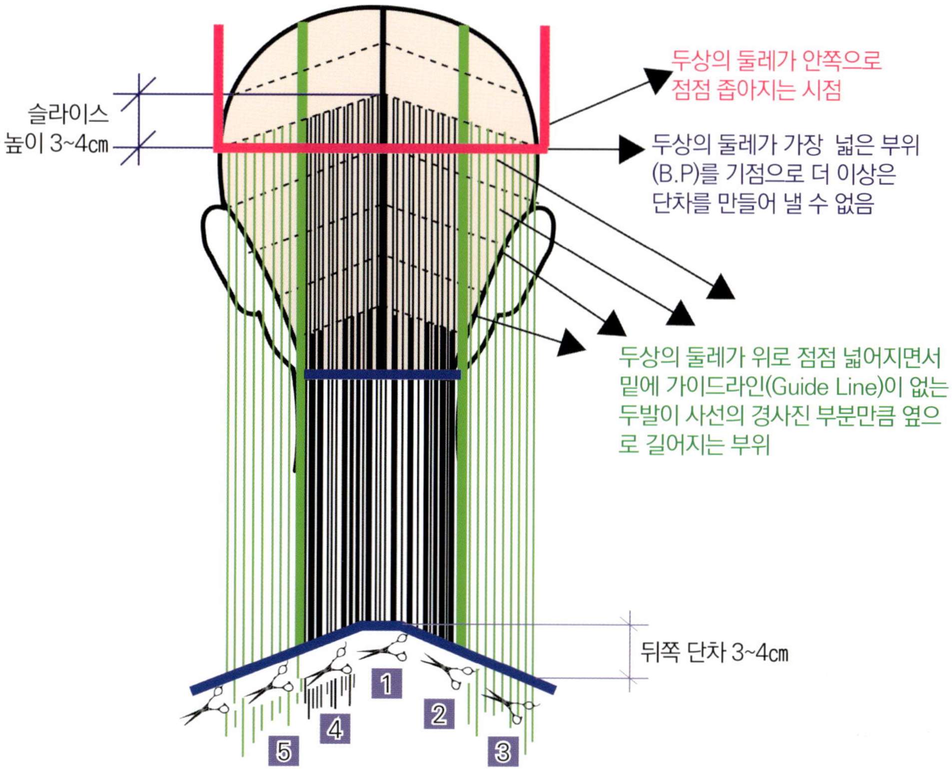

⑪ 골든 포인트(G.P) 부위의 두발을 흐름대로 빗질하여 가이드라인(Guide Line)에 연결해 커트한다.

6) 오른쪽 측두부(Right Side) 커트기법

① S.C.P에 1㎝ E.B.P에는 2㎝를 올려 전대각(Concave) 섹션으로 슬라이스(Slice)한다.

② 두정부(Crown)에 커트라인과 연결하여 섹션 모양과 같이 경사지게 커트한다.

③ 앞쪽으로 1㎝정도 길어지는 단차가 발생한다.

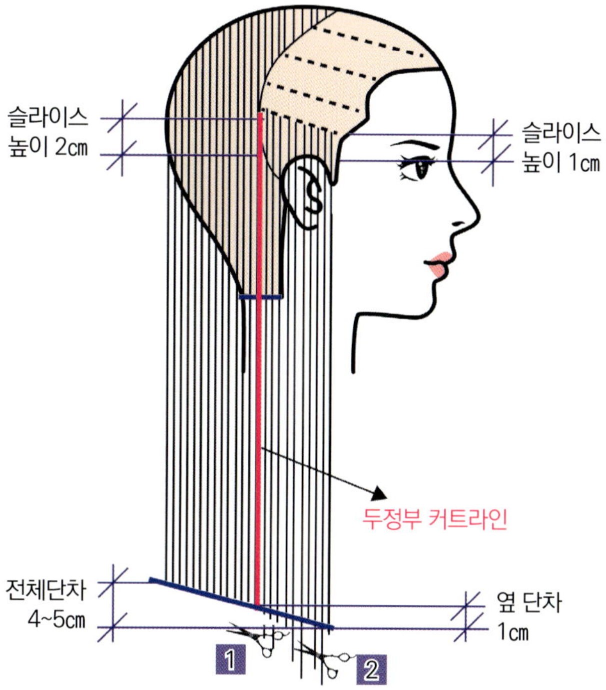

④ 두 번째와 세 번째 섹션의 두발은 가이드라인(Guide Line) 위로 겹쳐 쌓이므로 더 이상의 단차는 발생하지 않는다.

⑤ 네 번째 다섯 번째 섹션의 두발이 페이스 라인(Face Line) 앞으로 내려오지 않도록 두상의 모양대로 자연스럽게 빗겨서 커트한다.

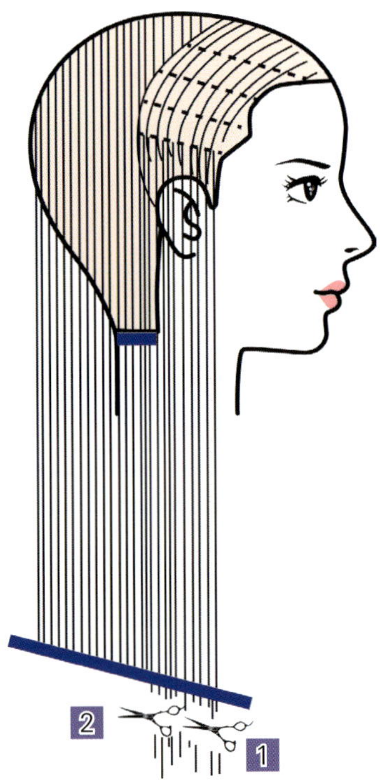

7) 왼쪽 측두부(Left Side) 커트기법

① S.C.P에 1㎝ E.B.P에는 2㎝를 올려 전대각(Concave) 섹션으로 슬라이스(Slice)한다.

② 오른쪽 옆머리 S.C.P에 두발길이를 재어 왼쪽 S.C.P에 같은 길이로 커트한다.

③ 두정부(Crown)에 커트라인과 연결하여 섹션 모양과 같이 경사지게 커트한다.

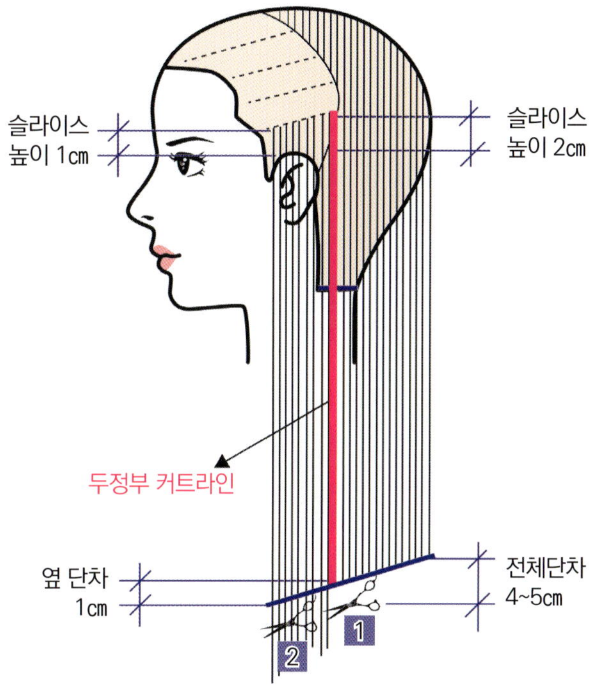

④ 두 번째와 세 번째 섹션의 두발은 가이드라인(Guide Line)위로 겹쳐 쌓이므로 더 이상의 단차는 발생하지 않는다.

⑤ 두 번째 섹션부터 다섯 번째 섹션까지 오른쪽 측두부(Side)와 같은 방법으로 커트한다.

⑥ 옆머리 커트 시 앞쪽으로 길어지는 단차를 얻으려면 최대한 텐션(Tension)을 주지 않고 자연스럽게 빗질해 내려와 커트되어야 할 라인 위에서 두발을 잡고 커트한다.

⑦ 양쪽 S.C.P와 F.S.P 부위에 두발길이가 같은지 확인한다.

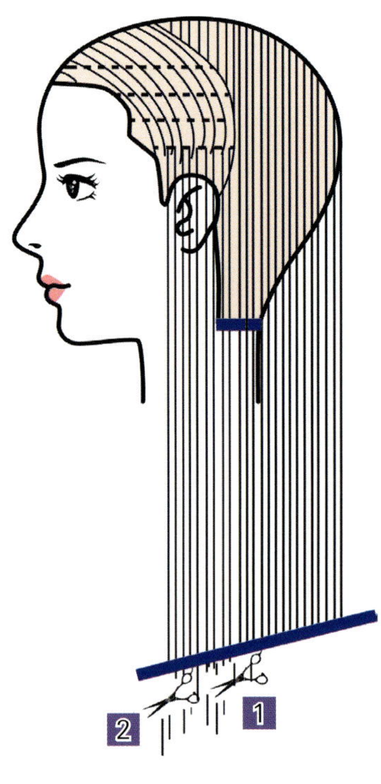

8) 마무리 체크 커트(Check Cut)

① 양쪽 측두부(Side) 커트가 끝나면 두발을 빗겨서 블로킹(Blocking)선을 지워주고 튀어나오는 두발이 없는지 빗살 끝을 두피 쪽으로 깊게 넣어 빗겨내려 확인한다.

② N.P로부터 측두부(Side)까지 커트된 두발 외곽선의 단차(4~5㎝)를 확인한다.

③ 센터 파트(Center Part)를 기준으로 양 사이드(Side)의 두발길이가 같은지 확인한다.

9) 완성된 디자인

3. 이사도라 커트(Isadora Cut)

[한국기술자격검정원 미용사(일반) 실기시험 규격]

1) 스타일(Style)의 개요

① 윗머리가 자연스럽게 밑으로 떨어져 층이 발생하지 않는다.

② 뒷부분은 길고 앞으로 가면서 점점 짧아져 외곽선에서만 단차가 발생하는 스타일(Style)이다.

2) 외곽선의 도해도

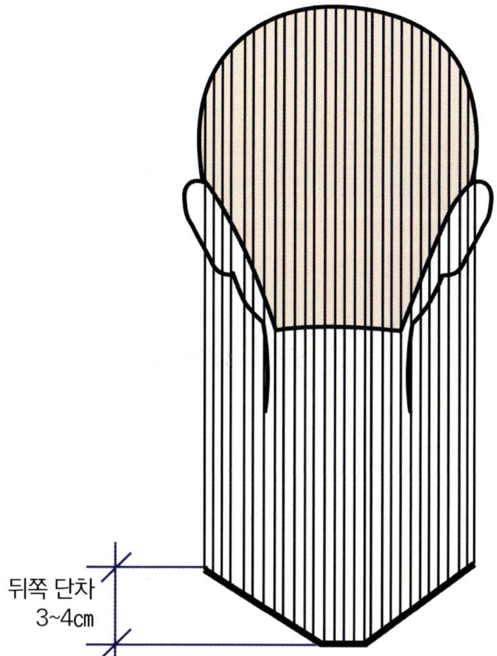

뒷모습

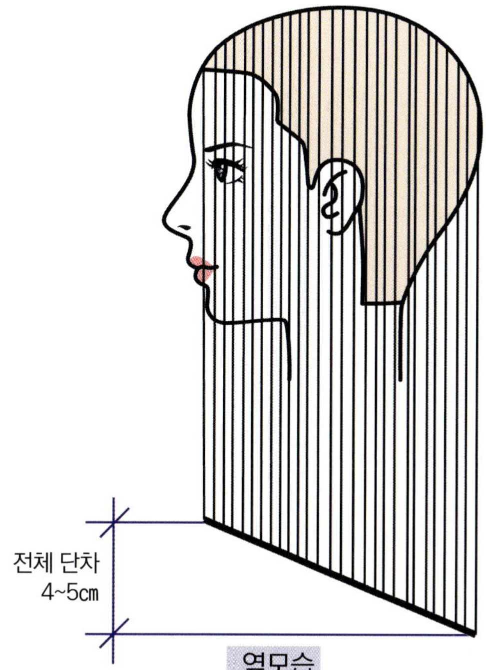

옆모습

3) 시술준비

파트(Part)	센터파트(Center Part)
블로킹(Blocking)	4등분
앞뒤단차	4~5㎝
슬라이스(Slice) 폭	1~2㎝
시술각(Projection)	0°(자연시술각)
섹션(Section)	후대각(Convex)
베이스(Base)	—
분배(Distribution)	자연분배
고정 가이드라인 (Stationary Guide Line)	네이프 라인(Nape Line)에서 10㎝

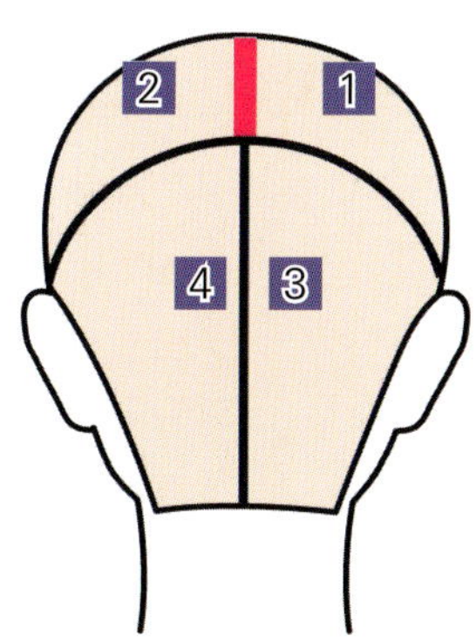

블로킹순서와 모양

4) 가이드라인(Guide Line) 커트기법

① N.P에 1cm 양쪽 N.S.P는 2cm를 올려 후대각(Convex) 섹션으로 슬라이스(Slice) 한다.

② 가이드라인(Guide Line) 두발길이는 네이프 라인(Nape Line)에서 10cm로 한다.

③ 자연시술각 0°에서 N.P에 두발 한 가닥을 10cm로 커트한다.

④ N.P에 10cm 길이와 연결해 정중선 부위 2cm정도를 일직선으로 커트한다.

⑤ 정중선에 일직선으로 커트된 라인과 연결해 후대각(Convex) 섹션의 경사진 모양과 평행하게 커트한다.

⑥ 오른쪽 N.S.P 두발길이를 재어 왼쪽 N.S.P 두발에 표시하고 섹션의 경사진 모양과 평행하게 커트한다.

⑦ 정중선에 두발길이는 10cm 양쪽 N.S.P에 두발길이는 9cm로 완성된다.

⑧ 양쪽 N.S.P에 두발길이를 확인한다.

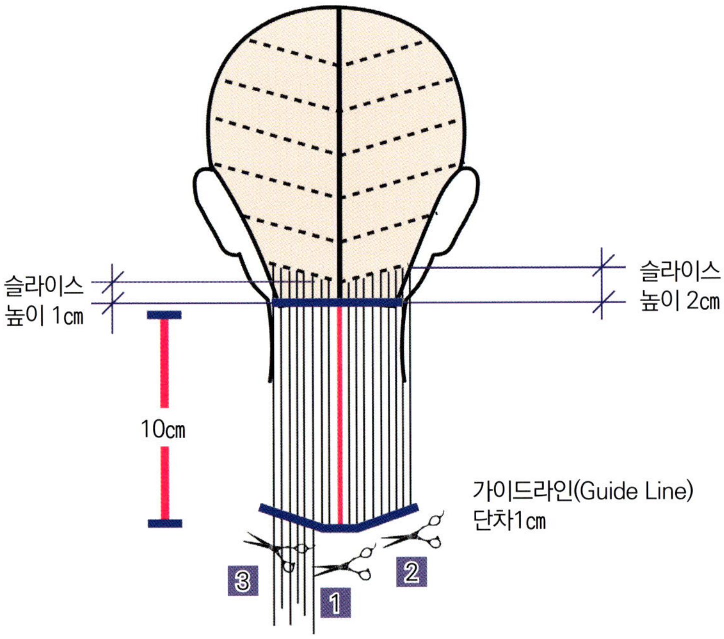

Tip

섹션과 커트라인의 모양

빗을 섹션모양과 평행하게 위치해 빗질하고 빗과 평행하게 두발을 잡고 두발을 잡은 손가락과 평행하게 가위날을 대고 커트한다.

5) 두정부(Crown) 커트기법

① 두 번째 섹션을 가이드라인(Guide Line) 섹션과 평행하게 사선으로 슬라이스 (Slice) 한다.

② 슬라이스 두께는 2㎝로 한다.

③ 빗을 경사진 섹션모양과 평행으로 위치해 내려오고 두발을 잡는 손가락도 빗과 평행으로 가위 날 역시 경사진 손가락과 평행으로 커트한다.

④ 이렇게 커트된 양사이드(Side) 두발은 가이드라인(Guide Line)의 경사도 보다 1㎝정도 더 짧아지게 되어 N.P에 두발길이보다 약 2㎝정도 짧아지게 커트된다.

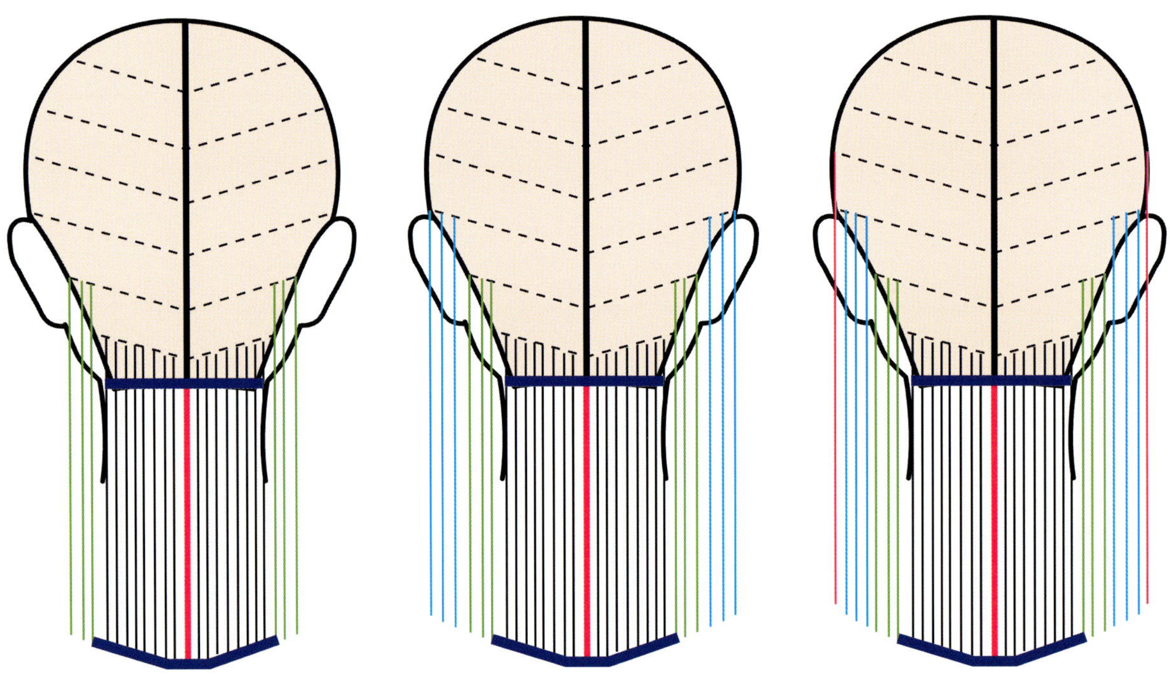

두 번째 섹션의 단차발생 빈도 | 세 번째 섹션의 단차발생 빈도 | 네 번째 섹션의 단차발생 빈도

⑤ 세 번째 섹션을 경사진 섹션모양과 평행하도록 커트하면 옆으로 단차가 더 발생 한다.

⑥ 네 번째 섹션도 1㎝정도 더 단차가 발생한다.

⑦ 다섯 번째 섹션은 두상둘레가 가장 넓은 백 포인트(B.P)부위로써 단차가 발생하는 마지막 섹션이다. 이 섹션에서 3~4㎝의 단차가 반드시 발생해야 한다.

⑧ 백 포인트(B.P)부위를 기점으로 두상은 안쪽으로 좁아져 경사도가 낮아지게 됨으로 더 이상의 짧아지는 단차가 발생하지 않는다.

⑨ 골든 포인트(G.P) 부위의 두발을 흐름대로 빗질하여 가이드라인(Guide Line)에 연결해 커트한다.

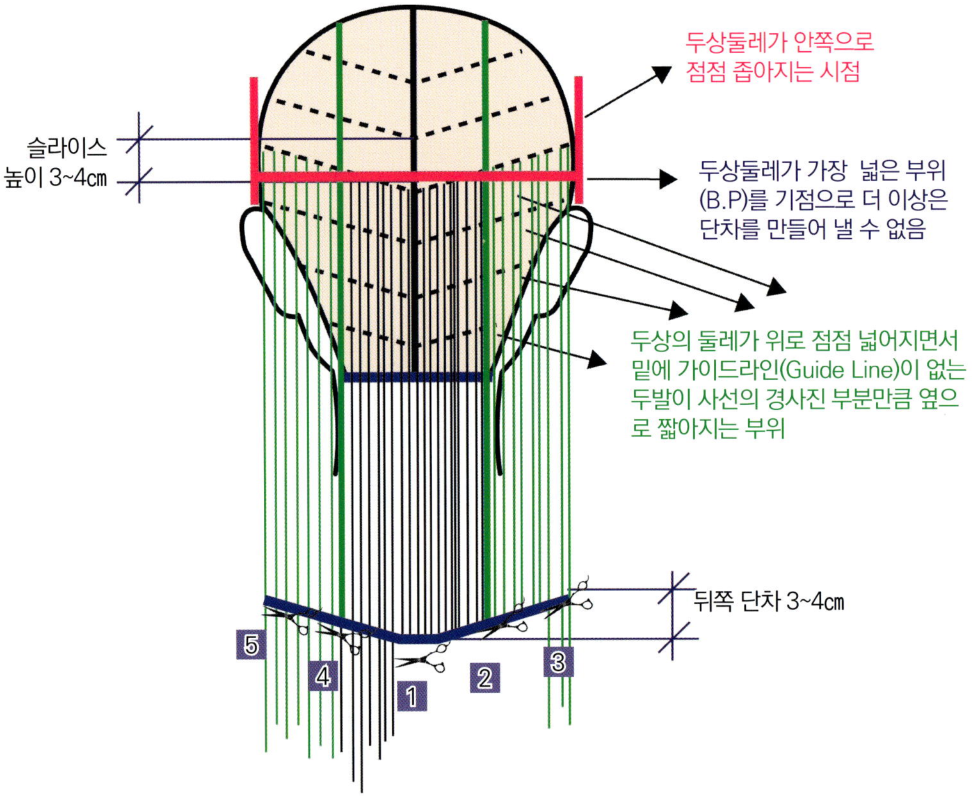

6) 오른쪽 측두부(Right Side) 커트기법

① S.C.P에 2㎝ E.B.P에는 1㎝를 올려 후대각(Convex) 섹션으로 슬라이스(Slice)한다.

② 두정부에 커트라인과 연결하여 섹션의 모양과 동일하게 경사지게 커트한다.

③ 앞쪽으로 1㎝정도 짧아지는 단차가 발생한다.

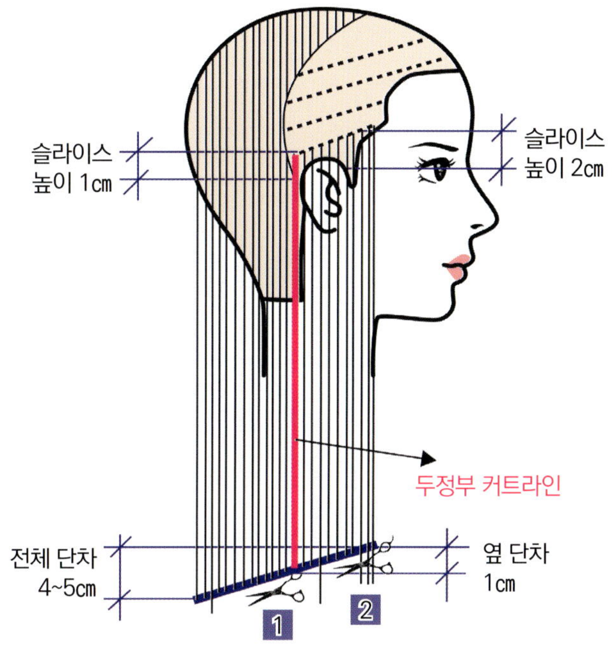

④ 두 번째와 세 번째 섹션의 두발은 가이드라인(Guide Line) 위로 겹쳐 쌓이므로 더 이상의 단차는 발생하지 않는다.

⑤ 네 번째 다섯 번째 섹션의 두발이 페이스 라인(Face Line) 앞으로 내려오지 않도록 두상의 모양대로 자연스럽게 빗겨서 커트한다.

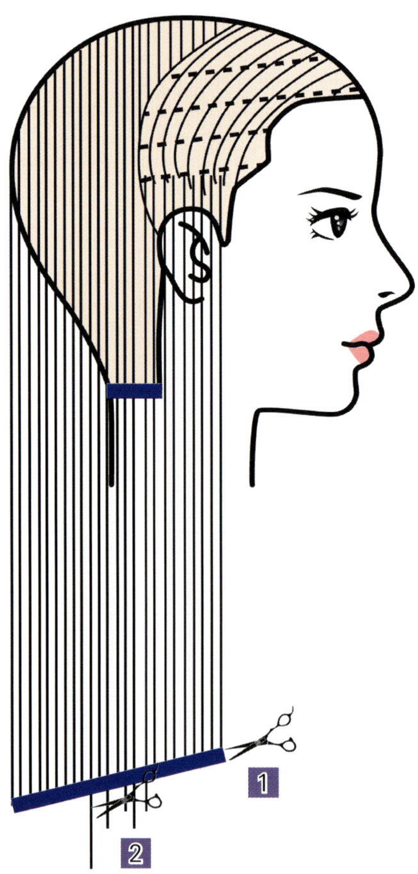

7) 왼쪽 측두부(Left Side) 커트기법

① S.C.P에 2㎝ E.B.P에는 1㎝를 올려 후대각(Convex) 섹션으로 슬라이스(Slice)한다.

② 오른쪽 옆머리 S.C.P에 두발길이를 재어 왼쪽 S.C.P에 동일하게 커트한다.

③ 두정부에 커트라인과 연결하여 섹션의 모양과 동일하게 경사지게 커트한다.

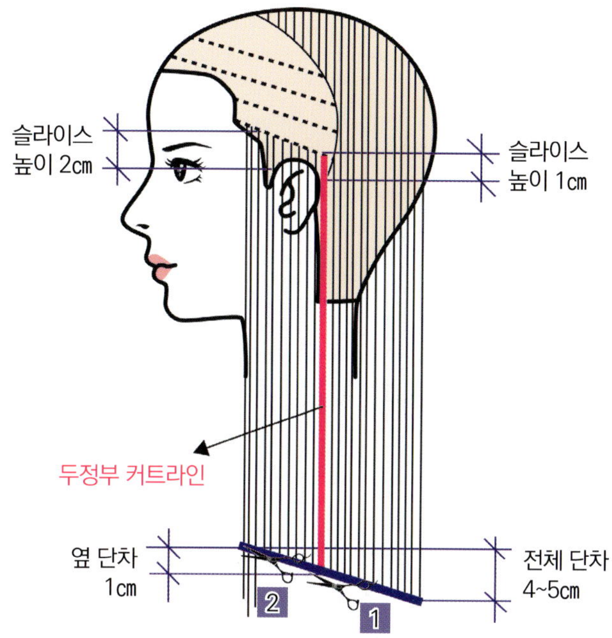

④ 두 번째와 세 번째 섹션의 두발은 가이드라인(Guide Line) 위로 겹쳐 쌓이므로 더 이상의 단차는 발생하지 않는다.

⑤ 네 번째 다섯 번째 섹션의 두발이 페이스 라인(Face Line) 앞으로 내려오지 않도록 두상의 모양대로 자연스럽게 빗질해 커트한다.

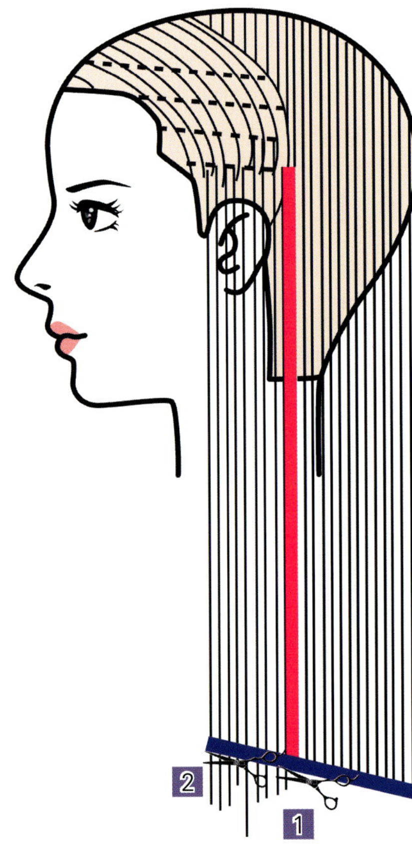

8) 마무리 체크 커트(Check Cut)

① 양쪽 옆머리 시술이 끝나면 빗살을 두피 쪽으로 깊게 넣어 빗질하며 튀어나온 두발을 확인한다.
② N.P부터 사이드(Side)부분까지 두발 끝라인을 사선으로 빗질해 4~5㎝의 단차를 확인한다.
③ 가르마를 기준으로 양쪽 두발길이가 같은지 확인한다.

9) 완성된 디자인

4. 머슈룸 커트(Mushroom Cut)

1) 스타일(Style)의 개요

① 버섯을 엎어놓은 것 같은 두발형태의 윤곽으로 짧은 솔리드(Solid)형 스타일 (Style)이다.

② 버섯 갓의 모양처럼 머리끝이 안쪽으로 말려 들어간 것이 스타일(Style)의 특징이다.

2) 외곽선의 도해도

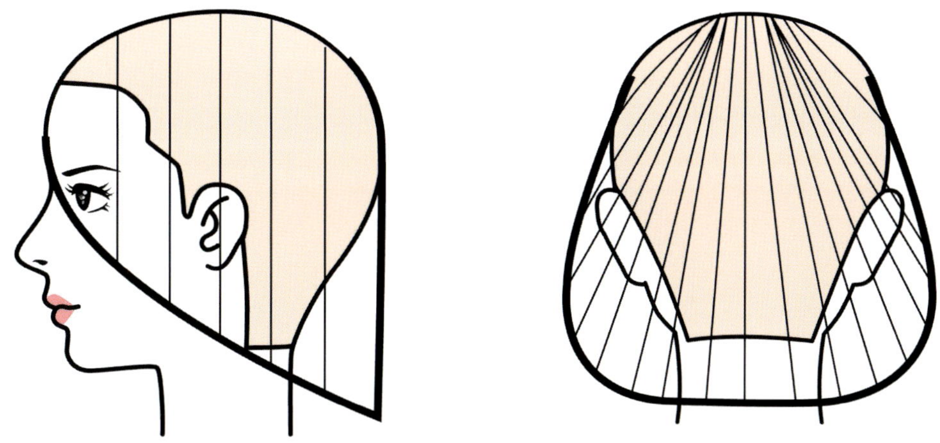

3) 시술준비

파트(Part)	노 파트(No Part)
블로킹(Blocking)	2등분
앞뒤단차	앞뒤단차 10㎝ 발생
슬라이스(Slice) 폭	2~3㎝
시술각(Projection)	0°(자연시술각)
섹션(Section)	후대각(Convex)
베이스(Base)	—
분배(Distribution)	자연분배
고정 가이드라인 (Stationary Guide Line)	-센터포인트(C.P) 10㎝ -네이프 라인(Nape Line) 3㎝ -사이드라인(Side Line) 9㎝를 연결하는 라인

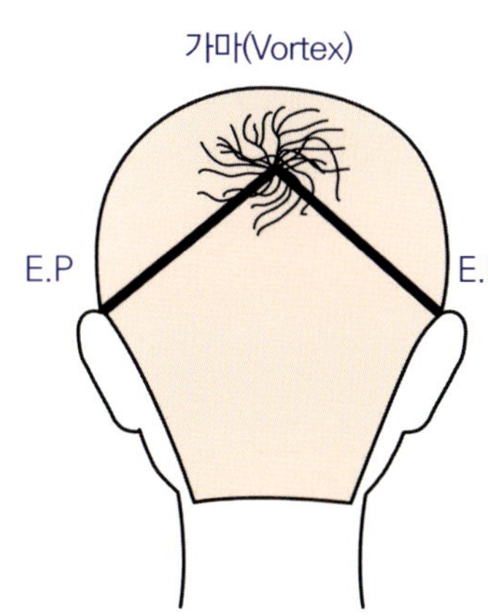

블로킹 모양

4) 블로킹(Blocking)

① 가마(Vortex)를 중심으로 두발 전체를 방사형 섹션(Radial Section)으로 빗질한다.

② 가마(Vortex)로 부터 양쪽 E.P를 중심으로 앞뒤로 두발을 2등분한다.

③ 헤어라인으로부터 2~3㎝ 폭의 두발을 슬라이스(Slice)해 내려놓고 고정 가이드 라인(Stationary Guide Line)으로 정한다.

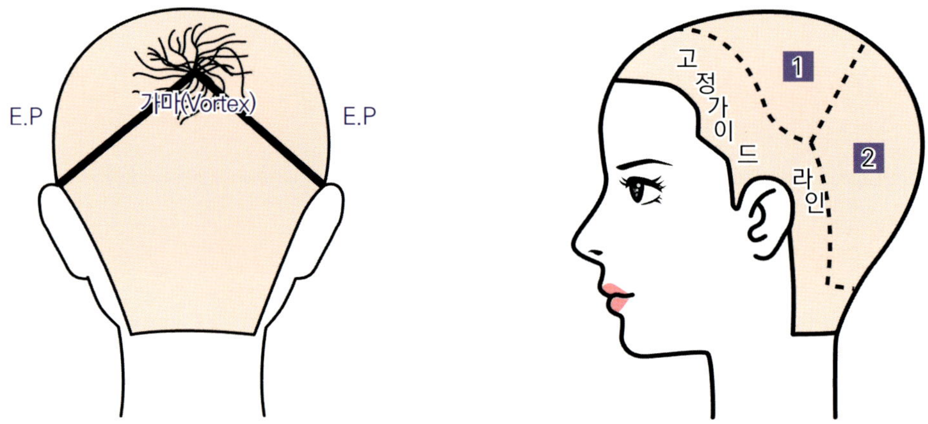

④ 인터널 쉐이프(Internal Shape—속 머리)에 남은 두발은 탑 포인트(T.P)와 백 포인트(B.P) 쪽에 모아 핀셋으로 고정한다.

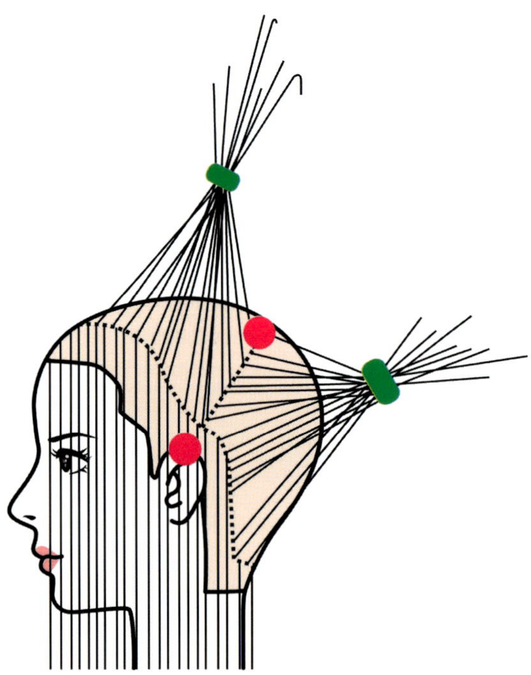

5) 가이드라인(Guide Line)의 부위별 길이설정

① C.P에 두발을 10㎝로 커트한다.

② 네이프 라인(Nape Line)의 두발을 3㎝ 길이로 일직선 커트한다.

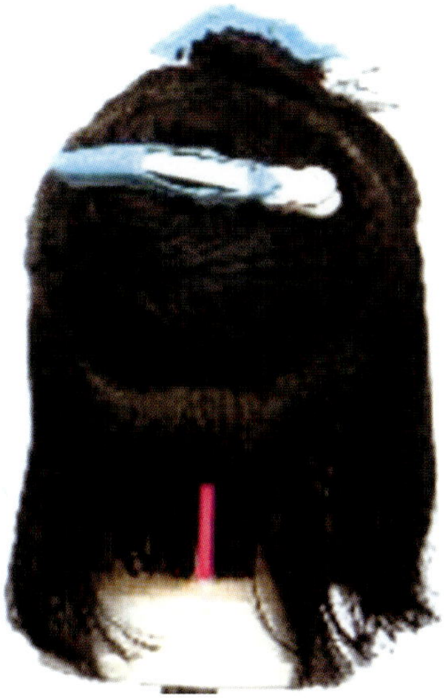

③ 사이드라인(Side Line)의 두발을 9㎝로 커트한다.

ⓐ 텐션이 들어가지 않은 상태에서 커트한다.

ⓑ 귓볼로 인해 두발이 위로 심하게 들뜨게 되어 짧아 보일 수 있다.

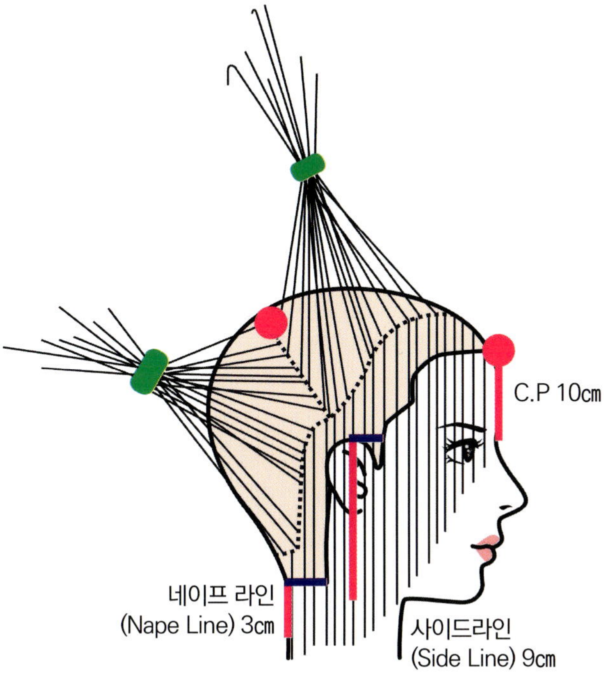

6) 고정 가이드라인(Stationary Guide Line)의 커트기법

① 헤어라인(Hair Line)에 주변에 내려놓은 두발을 프리핸드(Free Hand-감각커트) 기법으로 커트한다.

② 각 부위별로 표시해둔 두발라인을 연결한다.

③ 고정 가이드라인(Stationary Guide Line)에 두발을 자연시술각 0°(중력에 의해 밑으로 떨어지는 위치)로 커트한다.

④ 고정 가이드라인(Stationary Guide Line)에 좌우대칭을 확인한다.

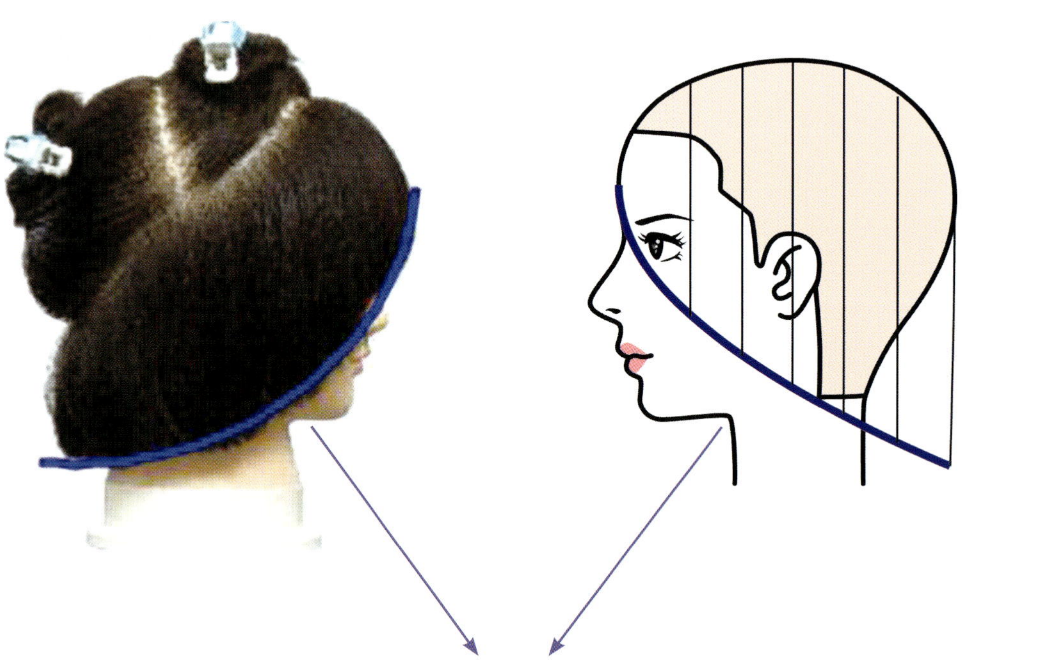

고정 가이드라인
(Stationary Guide Line)

7) 인터널 쉐이프(Internal Shape—안쪽머리) 커트기법

① B.P 블록(Block)의 두발을 내려 중력에 의해 떨어지는 위치로 빗겨준다.

② 네이프 라인(Nape Line)에 커트된 고정 가이드라인(Guide Line) 맞춰서 커트한다.

③ 자연시술각 0˚로 커트한다.

④ 텐션(Tension)이 들어가지 않게 두발을 빗어 내린 후 가위만으로 커트한다.

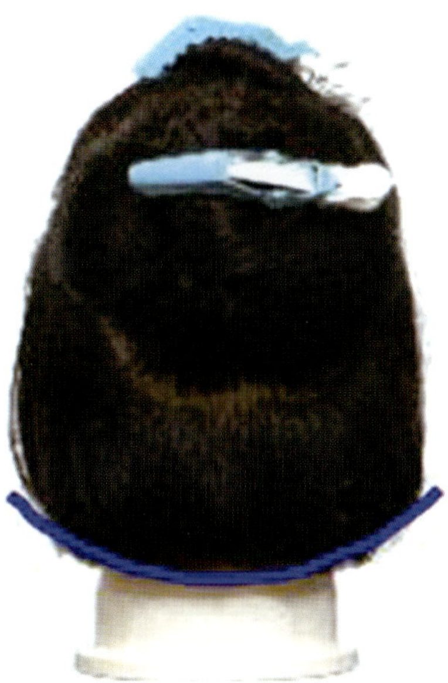

고정 가이드라인
(Stationary Guide Line)

Tip

▶ 더블 가이드라인(Guide Line)을 적용한다.
▶ 짧은 가이드라인(Guide Line) 위에 긴 가이드라인을 얹어 커트하는 기법이다.
▶ 커트 완성 후 층이 형성되지 않고 두발이 안쪽으로 잘 말려들어 간다.

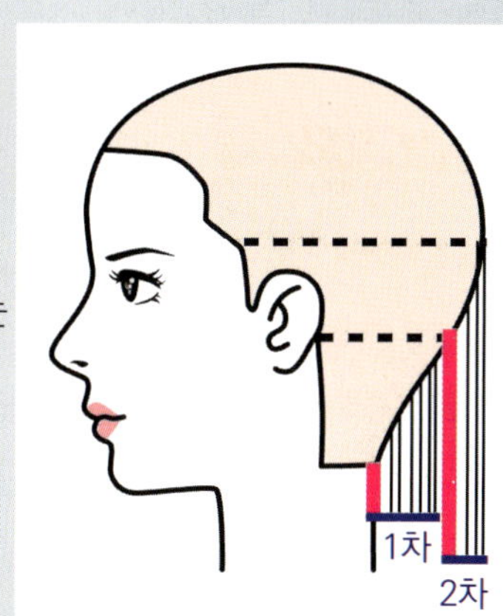

⑤ 탑 포인트(T.P) 블록(Block)의 두발을 내려 커트한다.

ⓐ 가마(Vortex)를 중심으로 앞과 옆 부분으로 자연스럽게 흘러내린 상태로 빗겨 내린다.

ⓑ C.P에 표시해둔 고정 가이드라인(Stationary Guide Line)에 맞춰서 커트한다.

ⓒ 자연시술각 0˚로 커트한다.

ⓓ 사이드라인(Side Line) 위로 겹쳐져 떨어지는 두발은 귓볼로 인해 위로 심하게 들뜨게 되어 더 짧아질 수 있으므로 주의해야 한다.

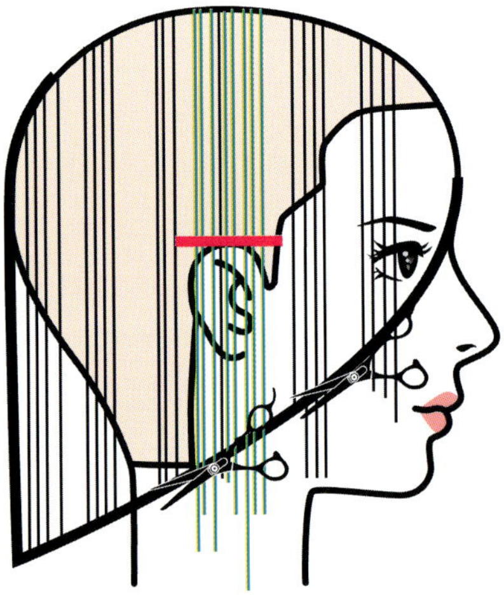

사이드라인(Side Line)두발

8) 마무리 체크 커트(Check Cut)

① 가마(Vortex)를 중심으로 두발이 중력에 의해 자연스럽게 떨어지는 위치로 빗질한다.

② 전후좌우의 대칭상태와 튀어나오는 두발이 없는지 확인한다.

9) 완성된 디자인

Chapter

3

그레쥬에이션 커트
(Graduation Cut)

Ladies Haircut

3-Ⅰ 그레쥬에이션 커트(Graduation Cut)의 정의와 종류

1. 그레쥬에이션 커트(Graduation Cut)의 정의

1) 스타일(Style)의 정의

① 두발흐름에 단차(층)와 볼륨(Volume)이 함께 보이는 스타일이다.

② 두발길이의 진행이 위쪽으로 갈수록 점점 길어진다.

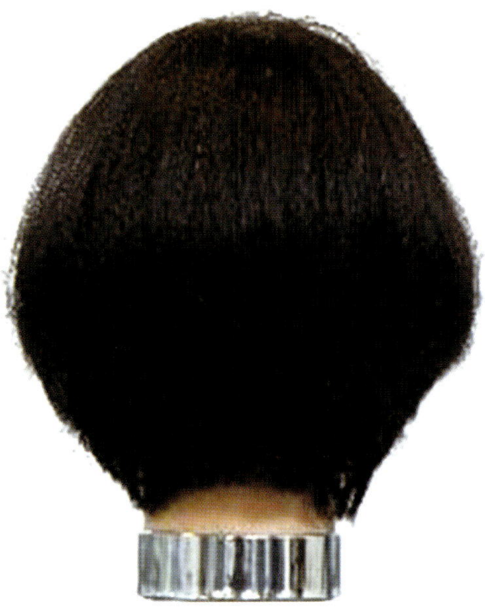

2) 시술각(Projection)의 적용과 원리

① 자연시술각(Natural Fall) 1˚~89˚로 커트한다.

② 자연시술각 10˚마다 약 1㎝의 단차(층)가 만들어진다.

③ 아래 그림은 미디움 그레쥬에이션(Medium Graduation) 커트를 45˚(표준시술각) 로 시술하는 과정을 설명하였다.

ⓐ 각각의 섹션마다 커트된 두발 끝이 바닥면에 대해 대각선(45˚)으로 연결된다.

ⓑ 단차(층)의 수직높이는 4.5㎝가 발생한다.

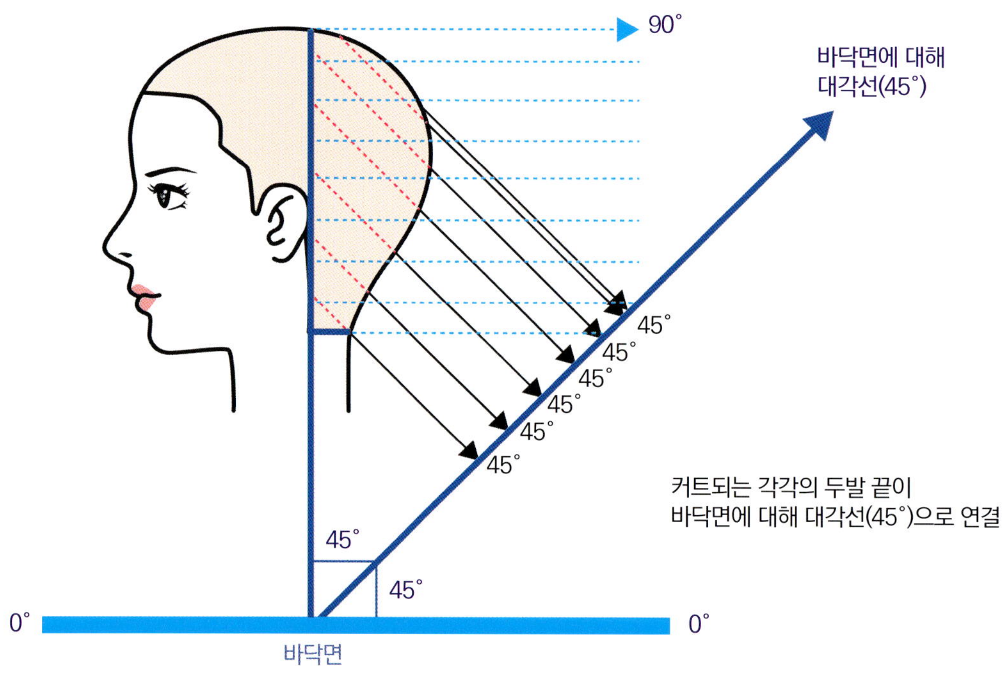

그레쥬에이션 커트(Graduation Cut) 표준시술각 45˚의 설명

3) 단차(층)와 리지 라인(Ridge Line)의 형성

① 단차(층)는 리지 라인(Ridge Line)으로 부터 맨 밑의 두발 끝까지 층의 수직높이를 말한다.

② 리지 라인(Ridge Line)은 골든 포인트(G.P-가마부위)에서 떨어지는 두발 끝선이 밑으로 겹쳐 쌓이면서 형성된다.

③ 리지 라인(Ridge Line)의 위치가 백 포인트(B.P)를 기준으로 높이 올라가면 두발에 볼륨(Volume)이 없어지고 단차(층)가 높아진다.

④ 리지 라인(Ridge Line)을 두상의 어느 위치에 만들지에 따라 시술각의 높이를 정해 시술한다.

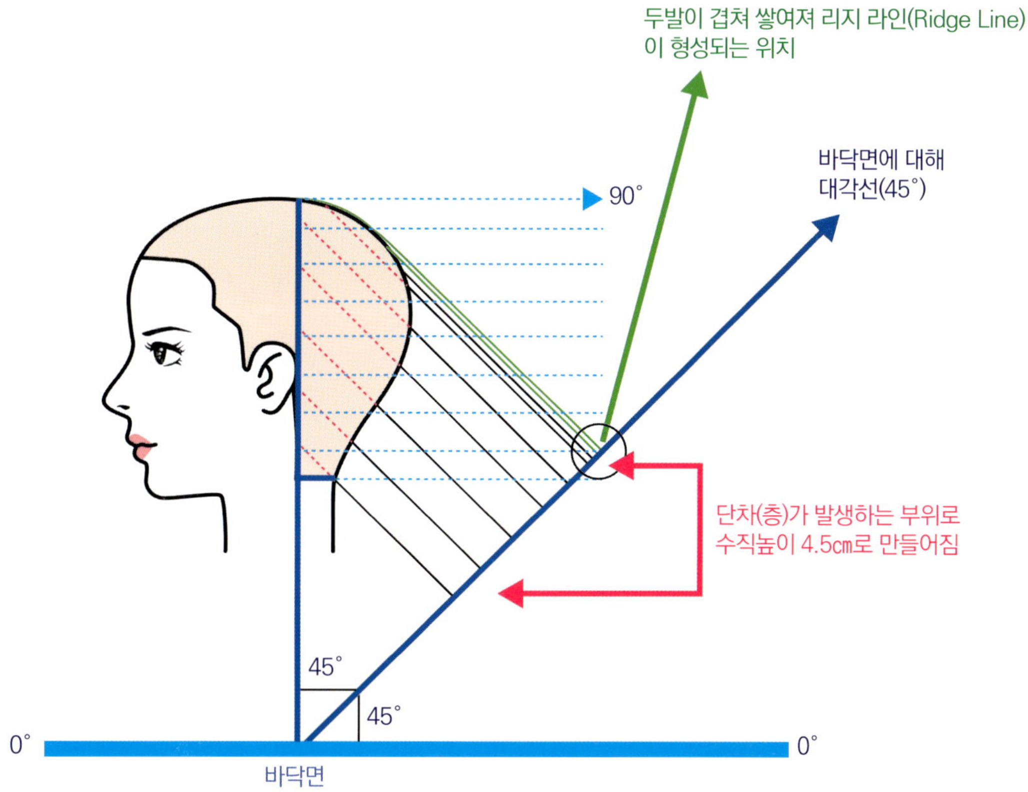

Tip

리지 라인(Ridge Line)의 위치 표시

두발을 밑에서부터 커트해 올라가다 보면 원하는 층보다 리지 라인(Ridge Line)의 위치가 올라가거나 낮아져 두발은 짧아지거나 길어질 수 있으므로 골든 포인트(G.P)에서 떨어지는 두발 끝의 위치를 사전에 표시해 놓고 시술할 수 있다.

4) 이동 & 고정 가이드라인(Mobile & Stationary Guide Line)의 적용

① 한 개의 디자인에 가이드라인(Guide Line) 두개가 적용된다.

② 단차(층)가 만들어지는 범위에는 이동 가이드라인(Mobile Guide Line)이 적용된다.

③ 리지 라인(Ridge Line)을 기점으로 위쪽의 두발은 고정 가이드라인(Stationary Guide Line)이 적용되어 볼륨(Volume)이 형성된다.

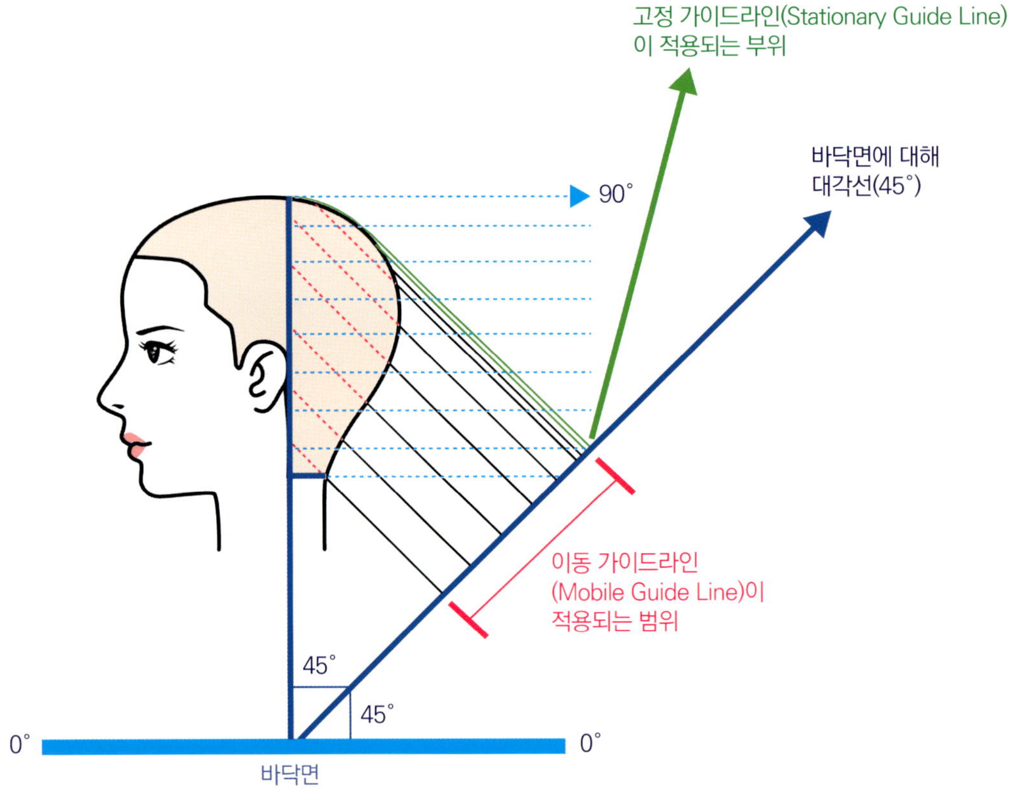

2. 그레쥬에이션 커트(Graduation Cut)의 종류와 특징

1) 그레쥬에이션 커트(Graduation Cut)의 종류

① 로우 그레쥬에이션 (Low Graduation)	② 미디움 그레쥬에이션 (Medium Graduation)	③ 하이 그레쥬에이션 (High Graduation)
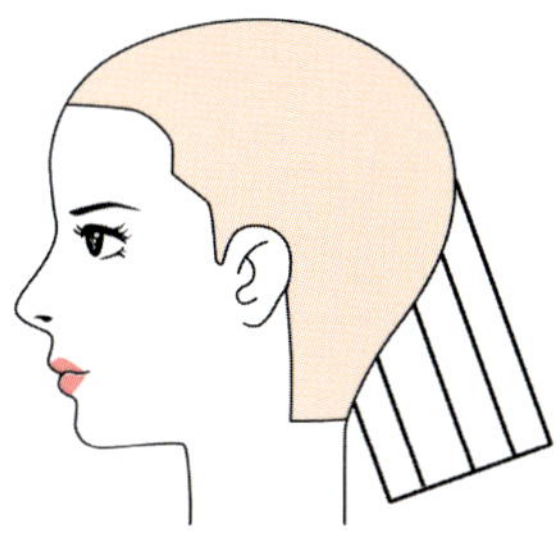	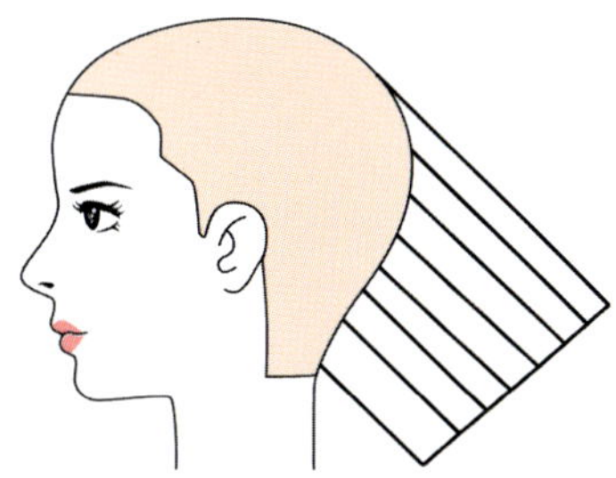	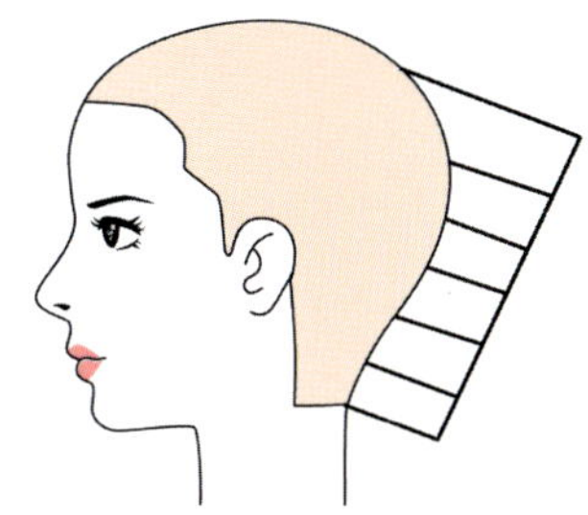

2) 그레쥬에이션 커트(Graduation Cut)의 종류별 특징

① 로우 그레쥬에이션(Low Graduation) — 낮은 시술각

ⓐ 1~29°의 자연시술각을 적용한다.

ⓑ 1~3㎝ 정도의 단차(층)를 좁게 하고 싶을 때 사용한다.

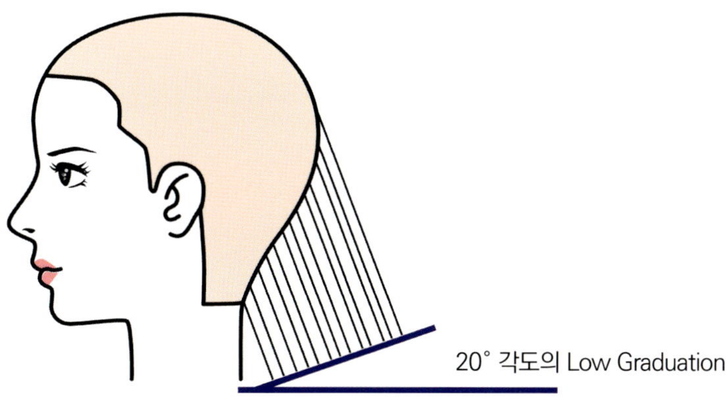

② 미디움 그레쥬에이션(Medium Graduation) — 중간 시술각

ⓐ 30~59˚의 자연시술각을 적용한다.

ⓑ 3~6㎝ 정도의 단차(층)를 중간정도로 하고 싶을 때 사용한다.

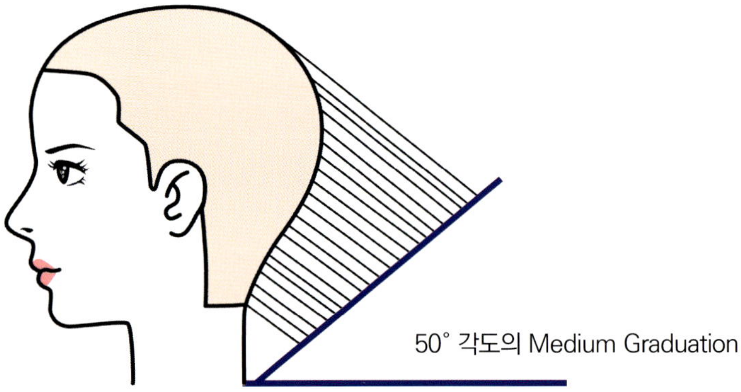

③ 하이 그레쥬에이션(High Graduation) — 높은 시술각

ⓐ 60~89˚의 자연시술각을 적용한다.

ⓑ 6~9㎝ 정도로 단차(층)를 높게 하고 싶을 때 사용한다.

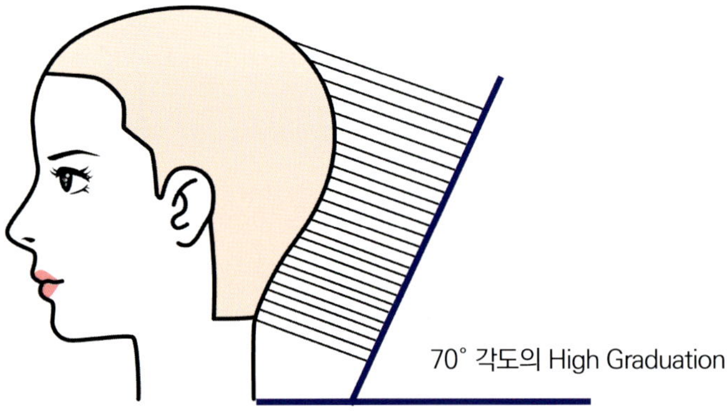

3-Ⅱ 그레쥬에이션 커트(Graduation Cut) 실기

1. 로우 그레쥬에이션 커트(Low Graduation Cut)

1) 스타일(Style)의 개요

① 자연시술각 20˚로 시술한다.

② 전대각(Concave) 섹션으로 시술한다.

③ 자연시술각 20˚로 전대각(Concave) 섹션으로 시술하면 두정부(Crown) 정중선 부위에 2~3㎝(Low Graduation)의 단차(층)가 발생하고 앞으로 진행할수록 점점 더 단차가 없어지면서 두발은 길어지게 된다.

2) 외곽선의 도해도

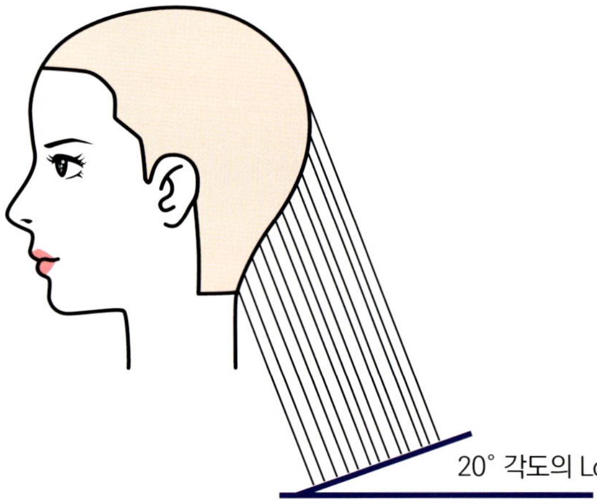

3) 시술준비

파트(Part)	센터파트(Center Part)
블로킹(Blocking)	4등분
정중선 층높이	2㎝
슬라이스(Slice) 폭	1~2㎝
시술각(Projection)	20˚(자연시술각)
섹션(Section)	전대각(Concave)
베이스(Base)	—
분배(Distribution)	변이분배
이동 & 고정 가이드라인 (Mobile & Stationary Guide Line)	네이프 라인(Nape Line) 에서 15㎝

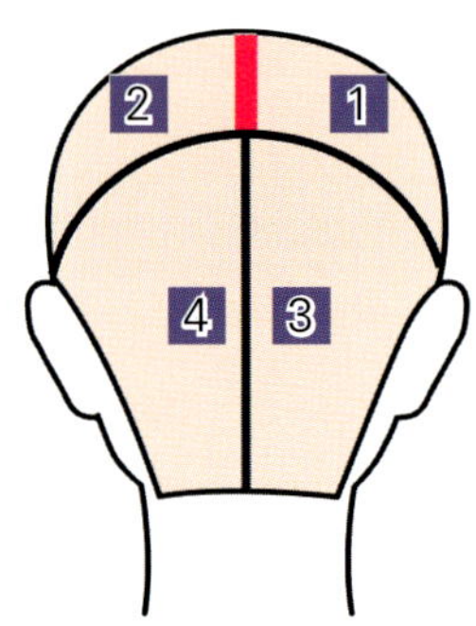

블로킹 순서와 모양

4) 가이드라인(Guide Line) 커트기법

① N.P에 2㎝ 양쪽 N.S.P는 1㎝의 전대각(Concave) 섹션으로 두발을 슬라이스 (Slice)한다.

② 가이드라인(Guide Line) 두발길이는 네이프 라인(Nape Line)에서 15㎝로 한다.

③ N.P에 두발 한 가닥을 네이프 라인(Nape Line)에서 15㎝ 길이로 커트한다.

④ N.P에 15㎝로 커트한 두발을 중심으로 정중선부위에 2㎝정도를 20˚각도로 들어 일직선 평행으로 커트한다.

⑤ 정중선에서 양 사이드(Side)으로 갈수록 두상이 둥글다는 것을 인식하며 머리가 난 결의 방향대로 빗질하여 섹션과 평행되도록 잡는다.

⑥ 정중선에 커트된 두발길이와 오른쪽 옆으로 커트 될 두발이 섹션의 모양과 평행하게 연결되게 커트한다.

⑦ 왼쪽 N.S.P의 두발은 먼저 커트된 오른쪽 N.S.P의 두발길이를 체크(Check)해 표시하고 정중선에서부터 섹션의 모양대로 빗질하여 표시해 둔 두발과 연결해 커트한다.

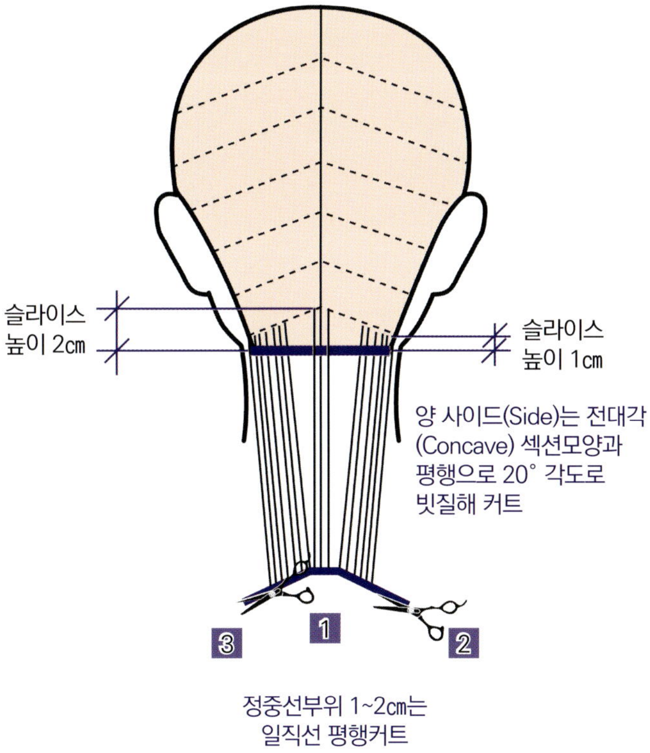

⑧ 가이드라인(Guide Line) 두발을 0˚로 떨어뜨려 중심보다 양 사이드(Side)에 1㎝ 길어진 전대각(Concave)모양의 단차(층)를 확인한다.

5) 두정부(Crown) 커트기법

① 두 번째 섹션을 첫 번째 섹션과 평행(슬라이스 폭 2㎝)으로 슬라이스(Slice)한다.

② 전대각(Concave) 섹션모양과 커트되는 라인이 평행하게 한다.

③ 커트되는 섹션의 다발을 20°각도로 들고 방금 전에 커트한 가이드라인(Guide Line) 섹션에 연결해 커트한다.

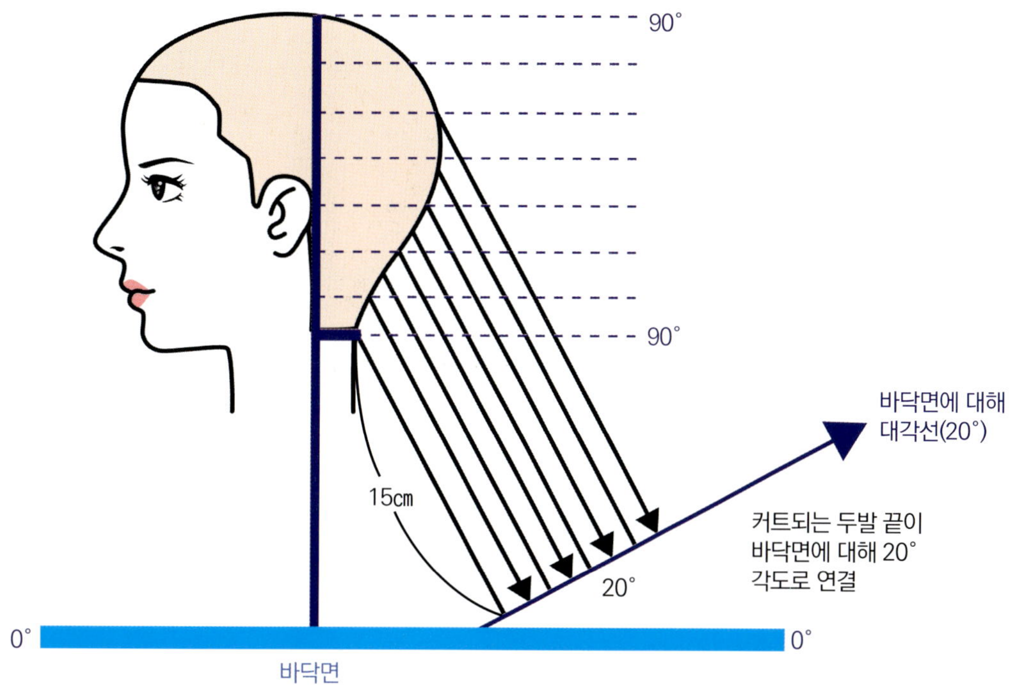

④ 인테리어(Interior)부분을 커트할 때에는 두발이 두피에 자연스럽게 붙여진 상태로 빗질해 내려오다가 백 포인트(B.P) 밑으로부터 커트되는 라인이 바닥면에 대해 20˚각도로 들려지도록 커트한다.

⑤ 전대각(Concave) 섹션으로 빗을 대고 내려와 바로 전에 커트한 두발을 가이드 라인(Guide Line) 으로 잡고 커트한다.

⑥ 두상이 둥근 점을 감안해 두발이 흐르는 대로 자연스럽게 빗질해 커트한다.

⑦ 두정부(Crown) 커트 완료한 후 20˚각도로 두발을 빗질하였을 때 커트라인이 모두 연결되어야 한다.

⑧ 세 번째 섹션을 두 번째 섹션과 동일하게 커트한다.

⑨ 두 번째로 커트된 두발을 가이드라인(Guide Line)으로 잡고 세 번째 섹션의 두발이 20°각도로 들리게 한 후 커트한다.

⑩ 수평섹션(Horizontal Section)으로 커트한 수직섹션(Vertical Section)으로 크로스 체크(Cross Check)한다.

⑪ 커트된 두발을 빗에 끼워 20°각도로 빗질해 내려와 커트라인이 바닥면에 대해 20°각도로 연결되어야 한다.

⑫ 익스테리어(Exterior)부분에 두발을 자연스럽게 떨어뜨려 전대각(Concave) 모양으로 층이 형성되었는지 양사이드(Side)의 두발길이가 같은지를 확인한다.

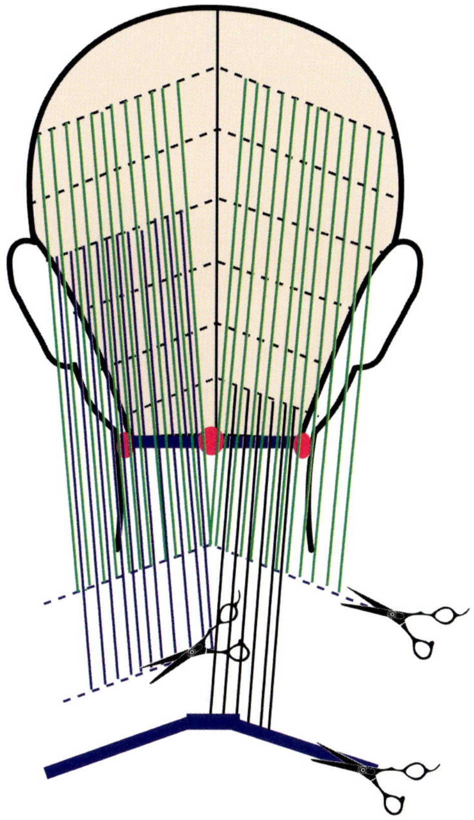

섹션의 모양과 커트라인은 평행

6) 오른쪽 측두부(Right Side) 커트기법

① E.B.P에 2㎝ S.C.P에 1㎝의 전대각(Concave)섹션으로 두발을 슬라이스(Slice)한다.

② 두발을 바닥면에 대해 베이스부터 20°각도로 향해지도록 빗겨서 커트한다.

③ 두정부에서 커트된 라인과 전대각(Concave)섹션으로 연결시켜 평행으로 커트한다.

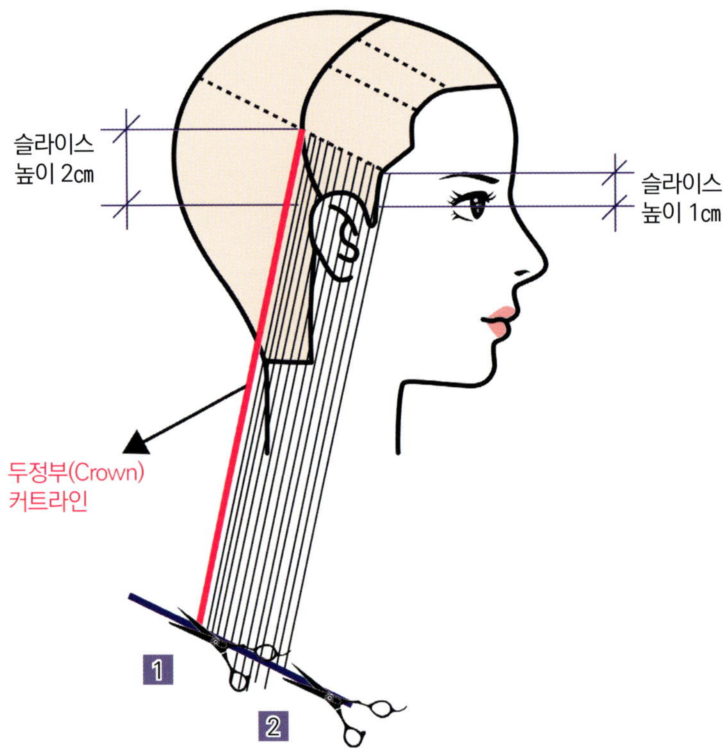

④ 두 번째 섹션부터 고정 가이드라인(Stationary Guide Line)으로 커트한다.

⑤ 두발을 베이스(Base)부터 바닥면에 대해 20°각도로 향해지도록 빗질하여 전대각 (Concave)섹션으로 평행하게 커트한다.

⑥ 세 번째부터 마지막 섹션까지 두 번째 섹션과 같은 방법으로 커트한다.

⑦ 네 개 섹션의 두발을 수직섹션(Vertical Section)으로 20°각도로 들어 커트라인을 확인한다.

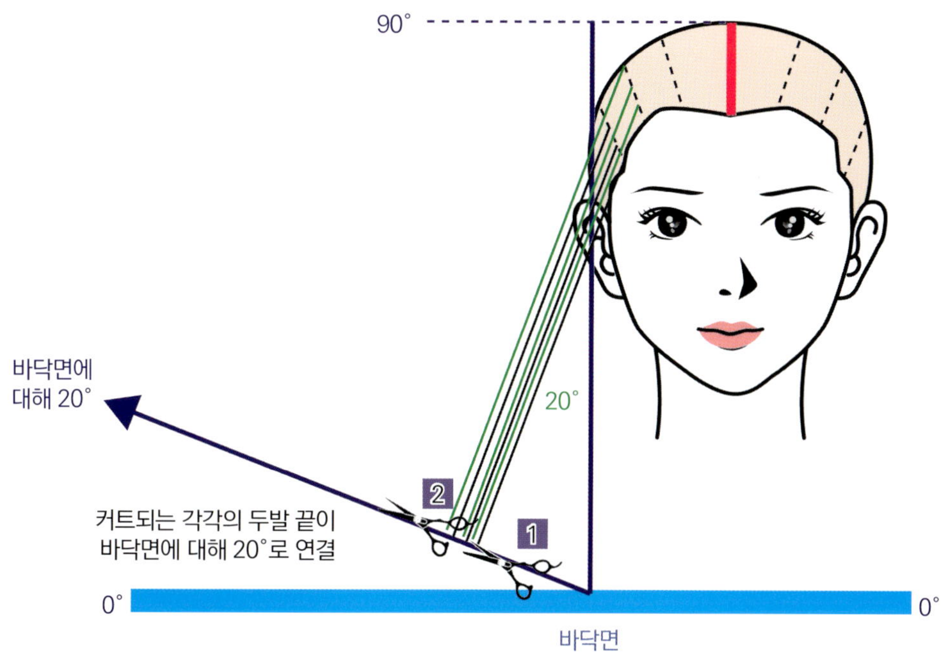

7) 왼쪽 측두부(Left Side) 커트기법

① E.B.P에 2㎝ S.C.P에 1㎝의 전대각(Concave)섹션으로 두발을 슬라이스(Slice) 한다.

② 오른쪽에 S.C.P에 두발길이를 왼쪽 S.C.P에 표시하고 두정부에서 커트된 라인과 연결되도록 전대각(Concave)섹션으로 가른 후 20°각도로 커트한다.

③ 두 번째 세 번째 네 번째 섹션을 오른쪽 측두부(Side)와 같은 방법으로 커트한다.

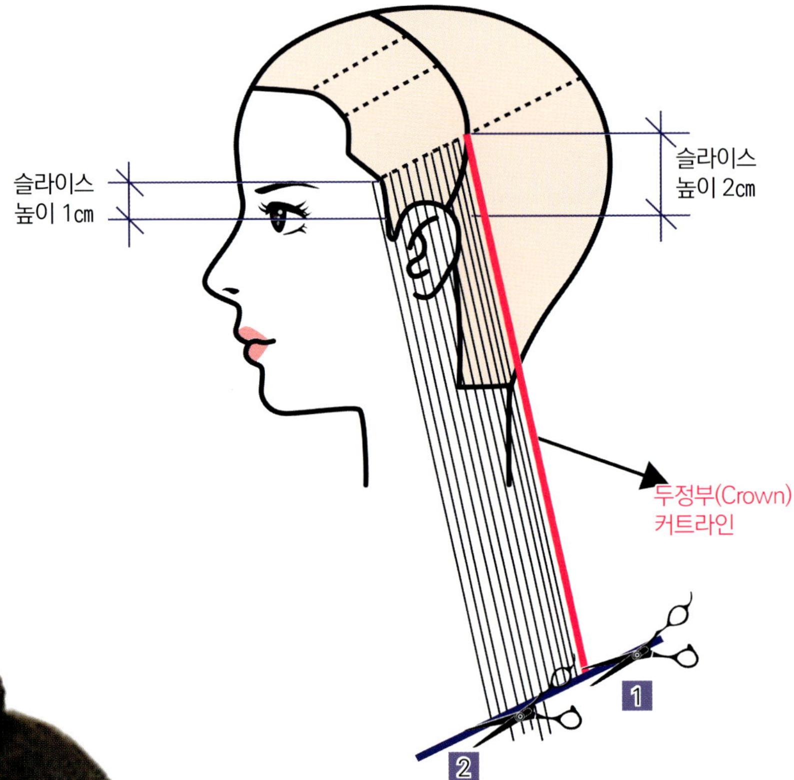

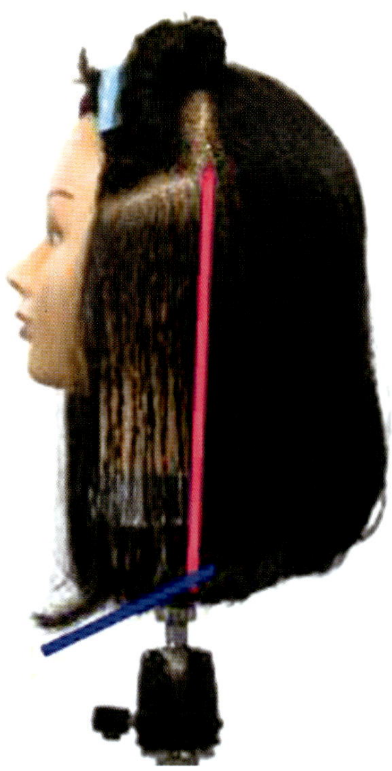

④ 네 개 섹션의 두발을 수직섹션(Vertical Section)으로 20° 각도로 들어 커트된 라인을 확인한다.

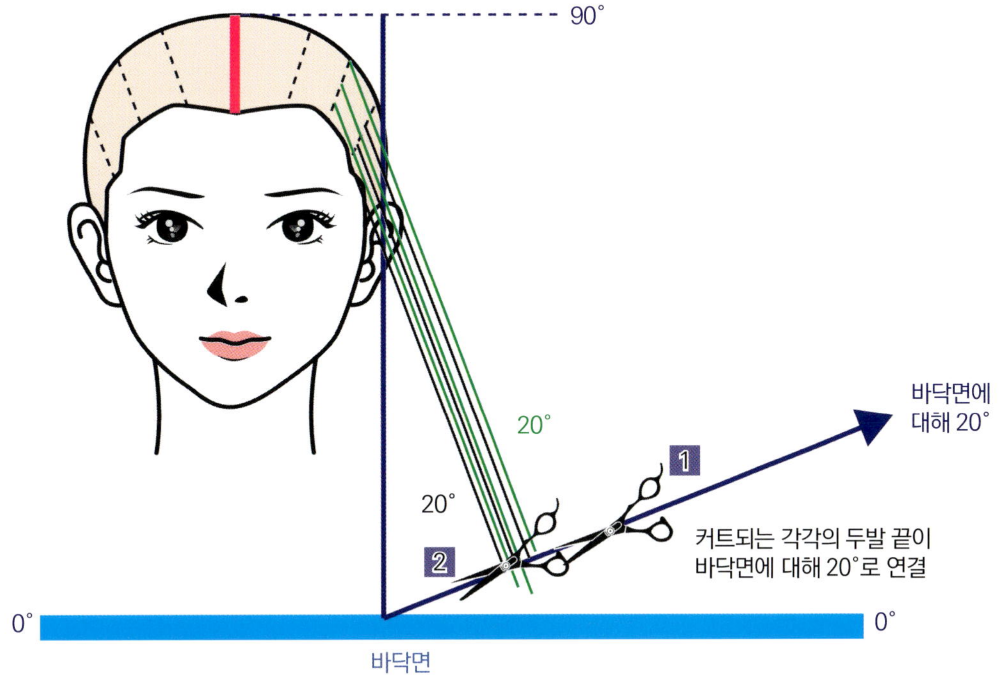

8) 마무리 체크 커트(Check Cut)

① 센터 파트(Center Part)로 슬라이스(Slice)한 양 사이드(Side)의 두발길이를 확인한다.

② 양 사이드(Side)를 20°각도로 빗겨내려 연결라인을 확인한다.

③ 전체 두발을 20°각도로 빗질하며 아웃 라인(Out Line)을 체크한다.

9) 완성된 디자인

2. 미디움 그레쥬에이션 커트(Medium Graduation Cut)

[한국기술자격검정원 미용사(일반) 실기시험 규격]

1) 스타일(Style)의 개요

후대각(Convex)섹션에 자연시술각 45°로 두발을 들어 커트하면 두정부(Crown) 정중선(Center Line)에 4~5 ㎝의 단차(층)가 발생하고 옆으로 갈수록 두발은 점점 더 짧아지게 된다.

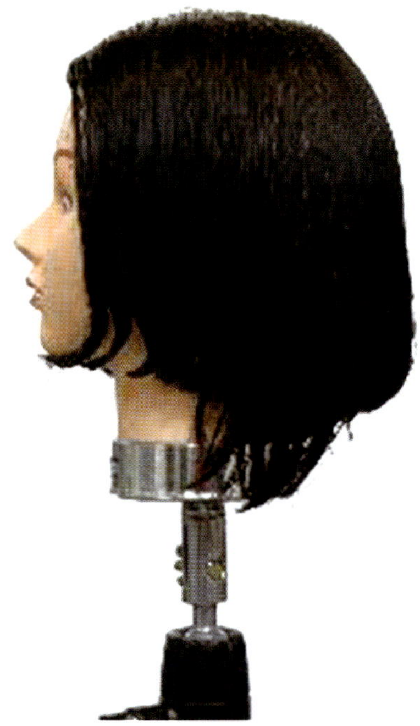

2) 외곽선의 도해도

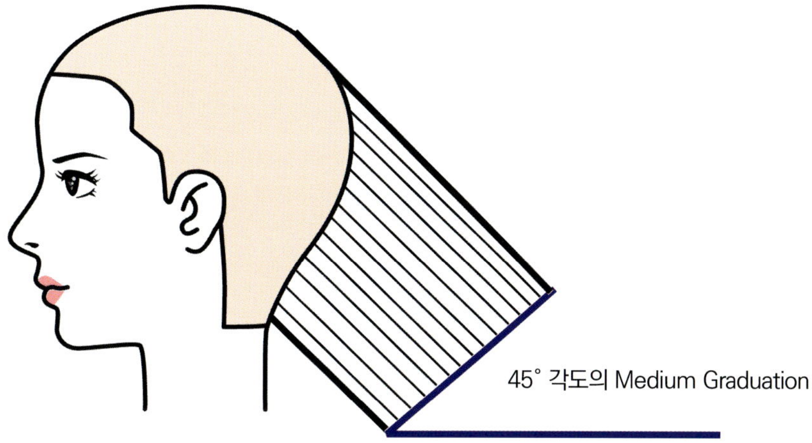

3) 시술준비

파트(Part)	노 파트(No Part)
블로킹(Blocking)	5등분
정중선 층높이	4~5㎝
슬라이스(Slice) 폭	1~2㎝
시술각(Projection)	45°(자연시술각)
섹션(Section)	후대각(Convex)
베이스(Base)	—
분배(Distribution)	변이분배
이동 & 고정 가이드라인 (Mobile & Stationary Guide Line)	네이프 라인(Nape Line) 에서 10㎝

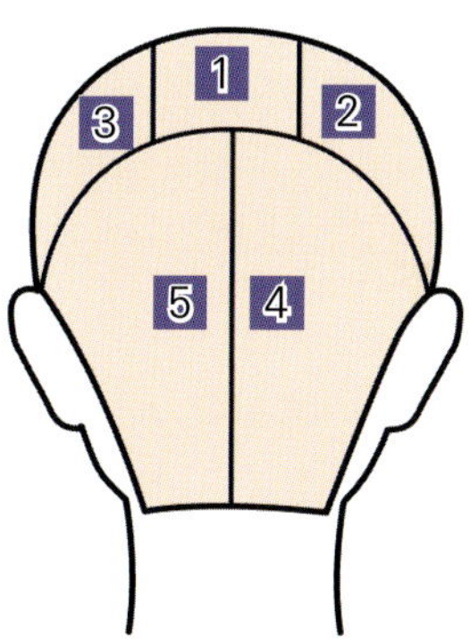

블로킹순서와 모양

4) 가이드라인(Guide Line) 커트기법

① N.P에 1㎝ 양쪽 N.S.P는 2㎝의 후대각(Convex) 섹션으로 슬라이스(Slice)한다.
② 가이드라인(Guide Line) 두발길이는 네이프 라인(Nape Line)에서 10㎝로 한다.
③ 자연시술각 0˚에서 N.P에 두발 한 가닥을 10㎝로 커트한다.
④ 정중선 부위 2㎝정도를 일직선으로 잡고 자연시술각 45˚들어 커트한다.
⑤ 오른쪽 섹션을 섹션의 모양과 동일하게 평행으로 자연시술각 45˚들어 커트한다.
⑥ 왼쪽 N.S.P의 두발은 먼저 커트된 오른쪽 N.S.P의 두발길이를 체크(Check)해 표시하고 정중선에서부터 섹션의 모양대로 빗질하여 표시해 둔 두발과 연결해 바닥면에 대해 대각선(45˚)으로 커트한다.

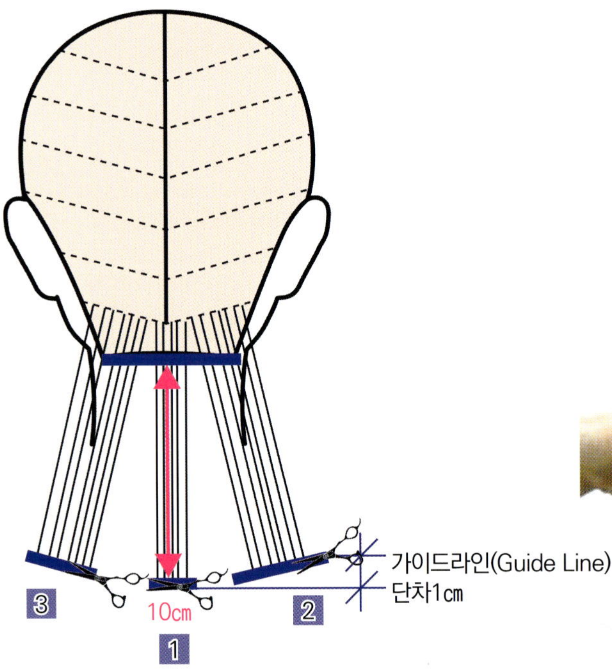

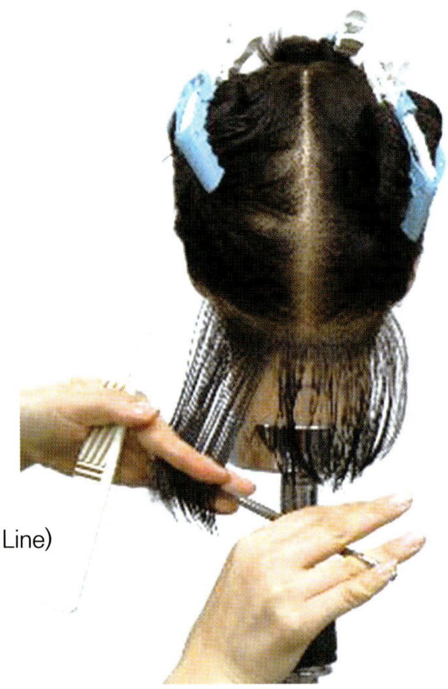

⑦ 중심에서 양 옆으로 갈수록 두상이 둥글다는 것을 인식하며 머리가 난 결 방향 대로 빗질하여 섹션의 모양과 평행으로 잡는다.
⑧ 가운데서 커트된 두발과 옆에서 커트될 두발을 연결하여 섹션의 모양과 커트 되는 라인이 평행이 되도록 커트한다.
⑨ 자연상태로 두발을 떨어뜨려 N.P와 비교해 양쪽 N.S.P의 두발이 1㎝ 짧아진 후대각(Convex) 으로 나왔는지 확인한다.

5) 두정부(Crown) 커트기법

① 두 번째 섹션을 첫 번째 섹션과 평행(슬라이스 폭 2㎝)으로 슬라이스(Slice)한다.

② 후대각(Convex)으로 가른 후 왼손에 잡은 두발의 커트라인과 섹션모양이 평행하게 한다.

③ 커트하려는 섹션의 다발을 45˚각도로 들고 방금 전에 커트한 가이드라인(Guide Line)섹션의 길이에 맞춰 커트한다.

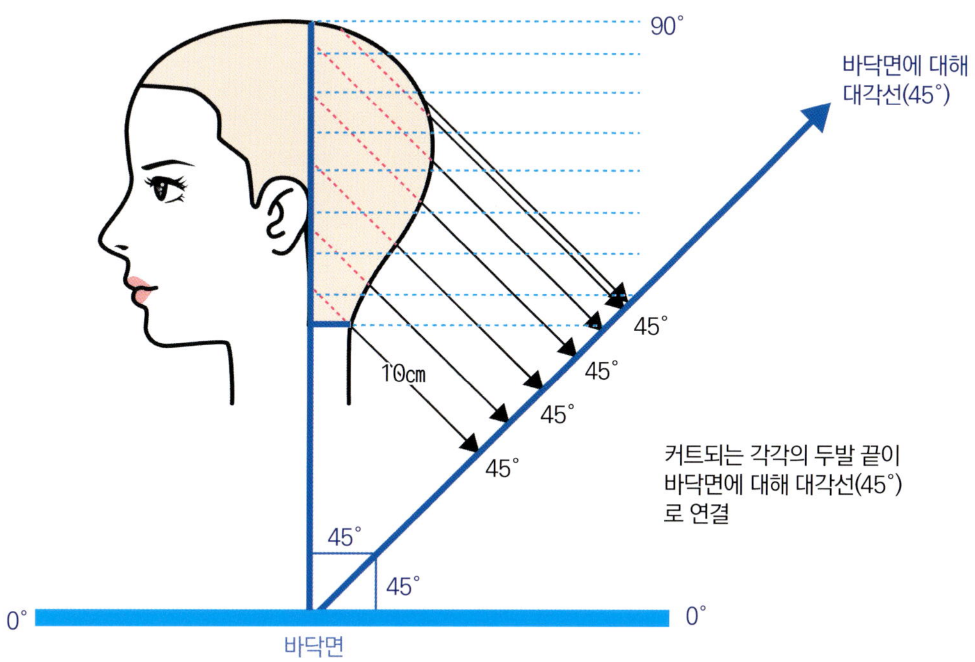

④ 세 번째 네 번째 섹션을 두 번째 섹션과 동일한 방법으로 커트한다.

⑤ 각각의 섹션에 커트된 두발 끝이 바닥면에 대해 대각선(45°)으로 연결되었는지 확인한다.

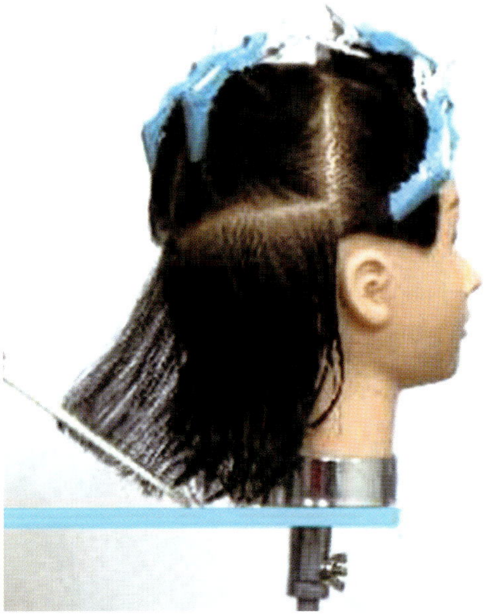

⑥ 익스테리어(Exterior)두발을 자연스럽게 떨어뜨려 후대각(Convex)모양으로 층이 형성되었는지 양 사이드(Side)의 두발길이가 같은지 확인한다.

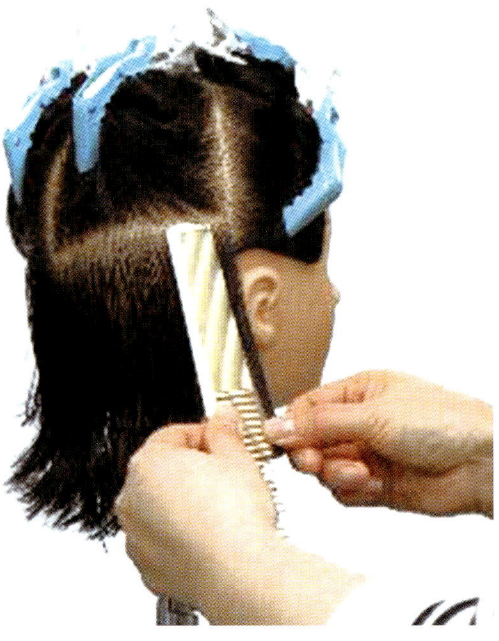

⑦ 백 포인트(B.P)부위를 지나면서 부터 골든 포인트(G.P)와 탑 포인트(T.P)부위는 고정 가이드라인(Stationary Guide Line)을 적용해 두발이 바닥면에 대해 대각선(45°) 방향으로 향하도록 빗질하여 커트한다.

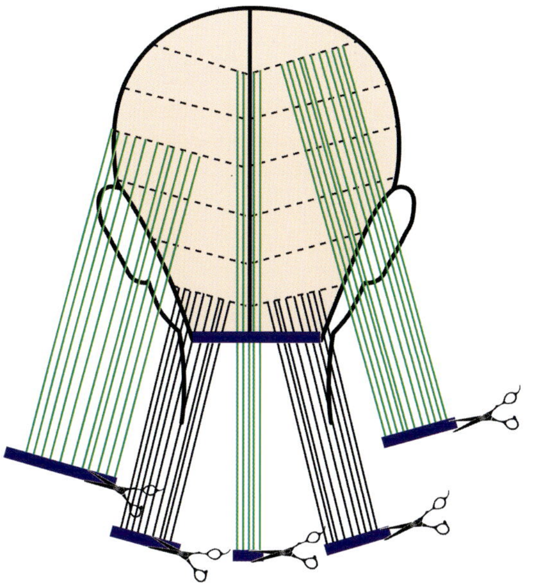

섹션의 모양과 평행으로 커트한다

⑧ 고정 가이드라인(Stationary Guide Line)이 적용되는 부위의 두발은 바닥면에 대해 대각선(45°)으로 향해 빗질되어 겹쳐 쌓이게 되므로 리지 라인(Ridge Line)이 만들어 진다.

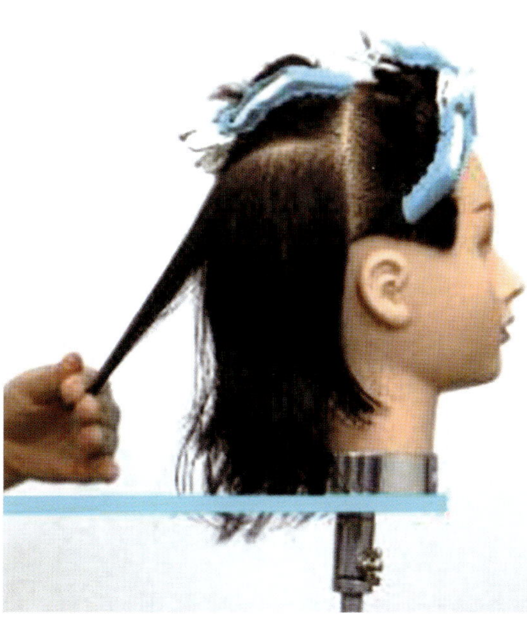

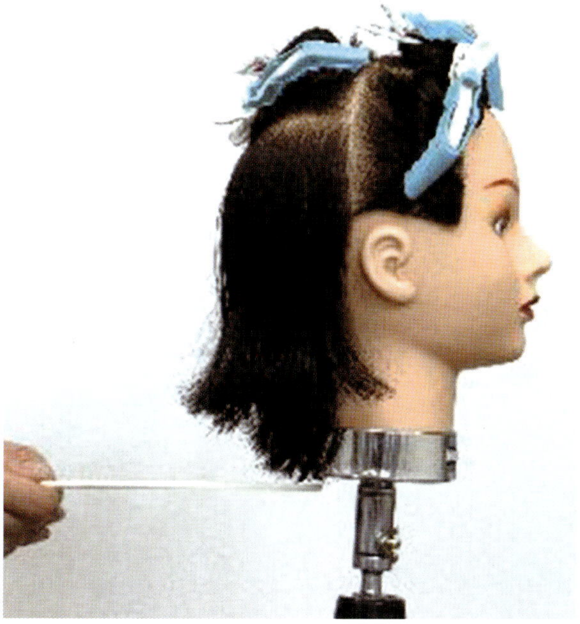

⑨ 탑 포인트(T.P)부위까지 커트를 마치면 수직섹션(Vertical Section)으로 45° 각도로 두발을 들어 커트된 라인이 밑 바닥면에 대해 대각선(45°)으로 연결되는지 확인한다.

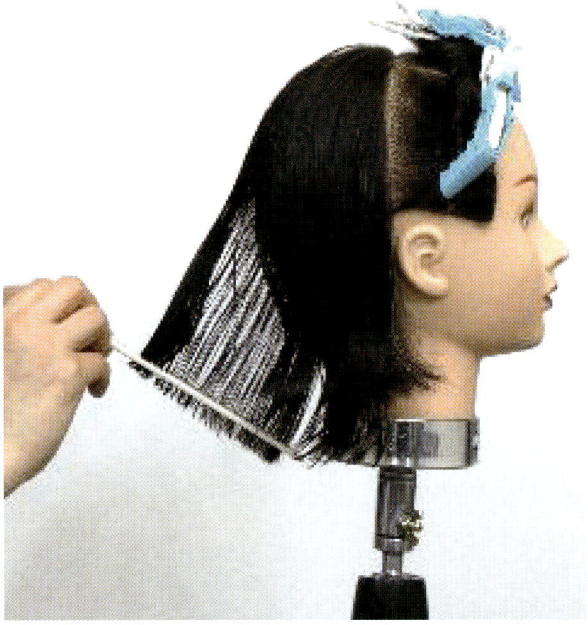

6) 오른쪽 측두부(Right Side) 커트기법

① E.B.P에 1㎝ S.C.P는 2㎝를 올려 후대각(Convex)섹션으로 두발을 슬라이스(Slice) 한다.

② 두정부(Crown)에서 커트된 두발 라인과 후대각(Convex)섹션으로 연결되도록 섹션 모양과 커트라인이 평행하게 커트한다.

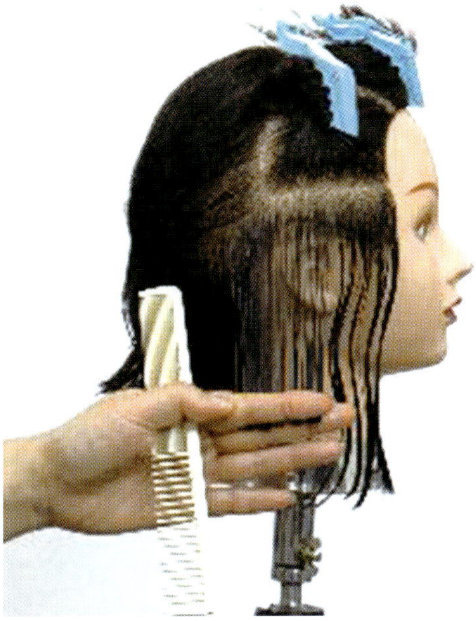

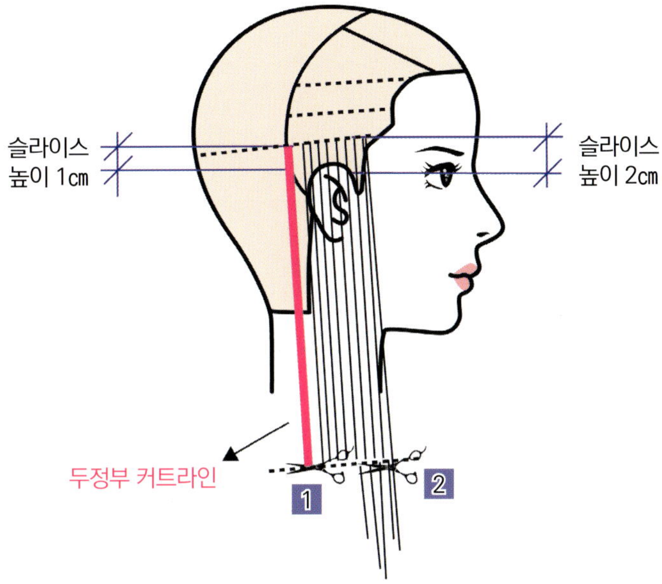

③ 두 번째 섹션을 가이드라인(Guide Line) 섹션과 평행으로 슬라이스(Slice)한다.

④ 첫 번째로 커트한 가이드라인(Guide Line)에 맞춰서 두 번째 섹션의 두발을 45°각도로 들어 커트한다.

⑤ 세 번째 섹션은 두 번째 섹션과 같은 방법으로 커트한다.

⑥ 커트된 연결선을 45˚로 들어 확인한다.

⑦ F.S.P의 두발길이가 같은지 확인한다.

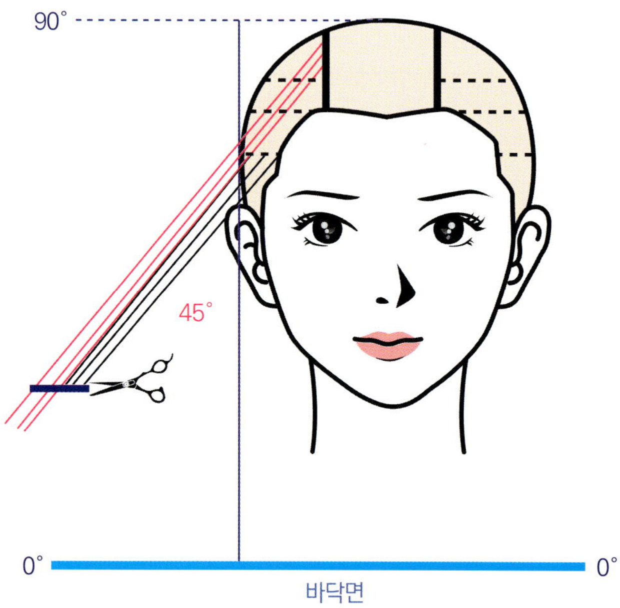

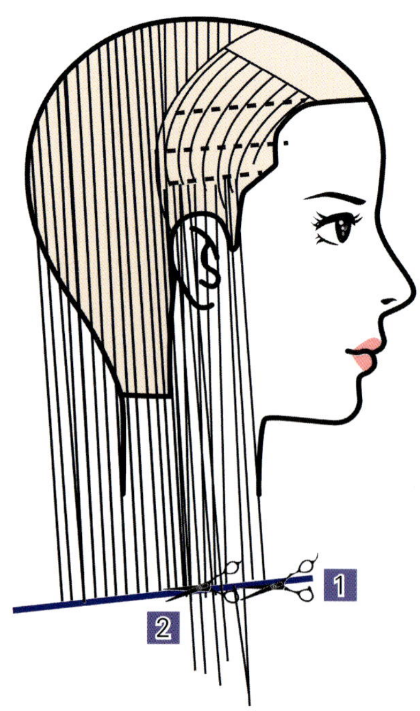

7) 왼쪽 측두부(Left Side) 커트기법

① E.B.P에 1㎝ S.C.P는 2㎝ 올라간 후대각(Convex)섹션으로 두발을 슬라이스 (Slice)한다.

② 오른쪽에서 먼저 커트된 S.C.P에 두발길이를 왼쪽 S.C.P에 표시해 커트한다.

③ 두정부(Crown)에서 커트된 두발 라인과 S.C.P에 표시해둔 두발 라인을 연결해 커트한다.

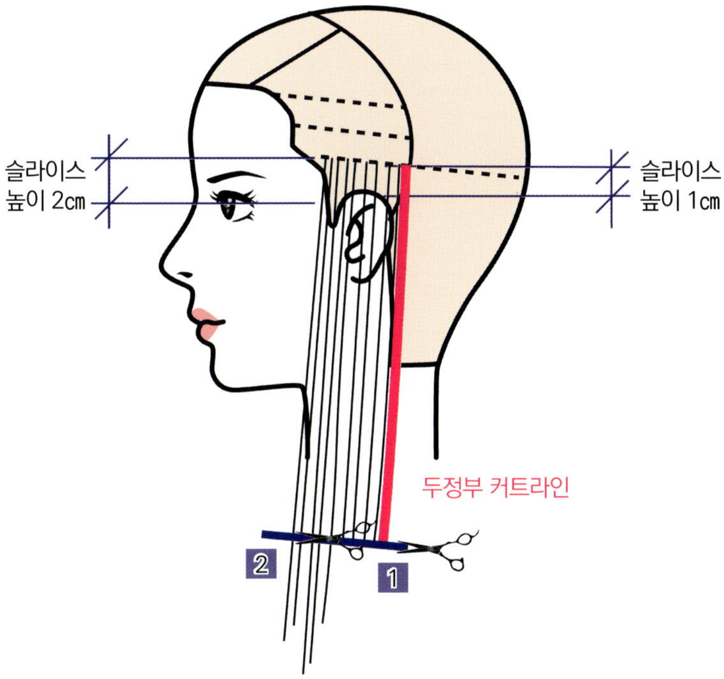

④ 두 번째 섹션도 후대각(Convex)으로 가이드라인(Guide Line) 섹션과 평행되도록 두발을 슬라이스(Slice)한 후 45°각도로 들어 커트한다.

⑤ 세 번째 섹션은 두발의 베이스를 두피에 닿게 한 후 빗겨 내려와 밑에서 커트된 라인과 겹쳐져 커트된다.

⑥ 세 개 섹션의 두발을 수직섹션(Vertical Section)으로 잡고 45°각도로 빗질해 내려와 두발의 연결 상태를 확인한다.

⑦ 커트된 두발 끝을 (Vertical Section) 45˚각도로 빗질해 크로스 체크(Cross Check) 한다. 바닥 면에 대해 커트된 라인이 대각선(45˚)으로 완성되었는지 확인한다.

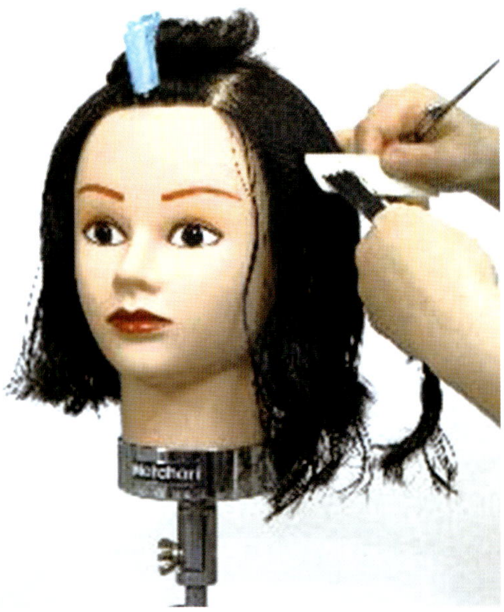

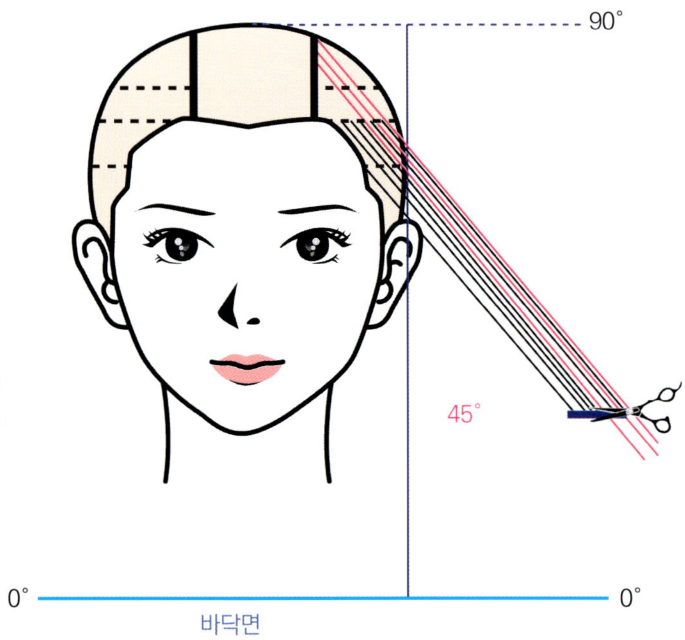

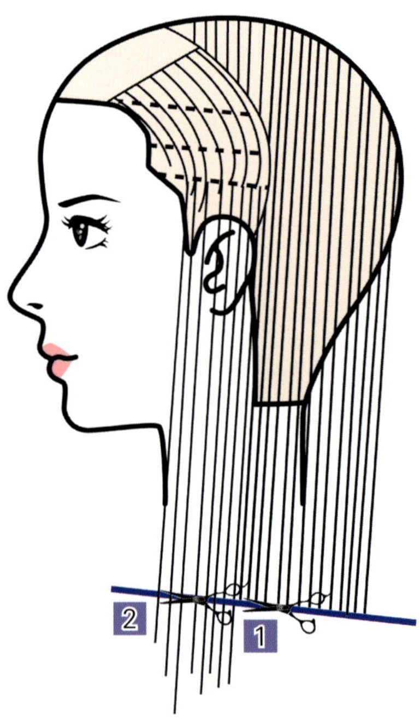

8) 전두부(Top) 커트기법

① 오른쪽 F.S.P에서 왼쪽 F.S.P까지 섹션 폭 2㎝의 두발을 일자로 슬라이스(Slice)해 앞으로 내린다.

② 오른쪽 측두부(Side)두발 가닥과 앞머리 가닥을 가운데로 모아 45°각도로 빗질해 내려온 후 측두부(Side) 커트라인에 맞춰서 앞머리 폭 1㎝를 커트한다.

③ 왼쪽 앞머리를 커트한다.

④ 양쪽에 1㎝씩 커트된 라인에 맞추어 가운데 앞머리를 커트한다.

⑤ 두 번째 섹션을 앞쪽으로 내려 45°각도로 빗어 내려와 가이드라인(Guide Line)에 맞춰서 커트한다.

⑥ 세 번째 섹션도 두 번째 섹션과 같은 방법으로 커트한다.

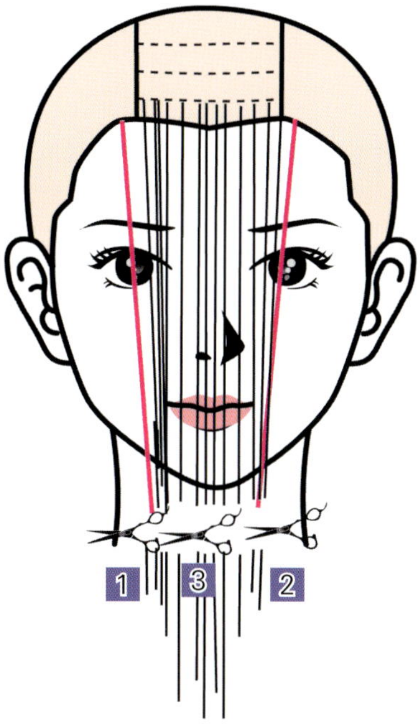

⑦ 전두부(Top) 네 개의 섹션 모두 두피위에 두발이 자연스럽게 얹어진 채로 바닥 면에 대해 두발 끝이 45˚각도로 향하도록 빗질해 잡는다.

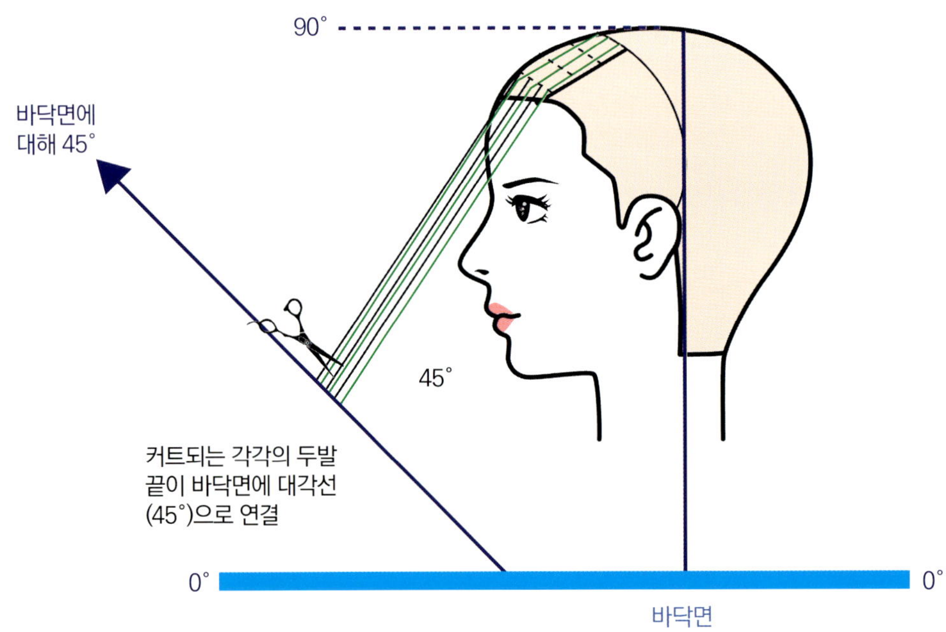

9) 마무리 체크 커트(Check Cut)

① 전두부(Top)까지 커트가 완성되면 센터파트(Center Part)로 나눈다.

② 탑 포인트(T.P)를 중심으로 두상 모양의 결대로 두발을 45°각도로 빗어 내려 아웃 라인 (Out Line)에 튀어 나오는 두발이 없는지 확인한다.

10) 완성된 디자인

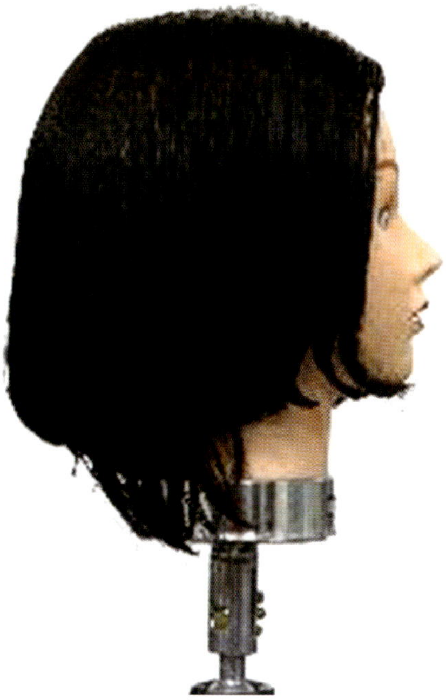

3. 하이 그레쥬에이션 커트(High Graduation Cut)

1) 스타일(Style)의 개요

전대각(Concave) 섹션으로 자연시술각 70°로 두발을 커트해 두정부(Crown) 정중선 부위에 7~8㎝(High Graduation) 단차(층)가 발생하고 옆 부분으로 갈수록 점점 더 단차가 없어지면서 두발은 길어지게 되는데 이 스타일은 단정함을 요하는 직업여성들에게 잘 어울린다.

2) 외곽선의 도해도

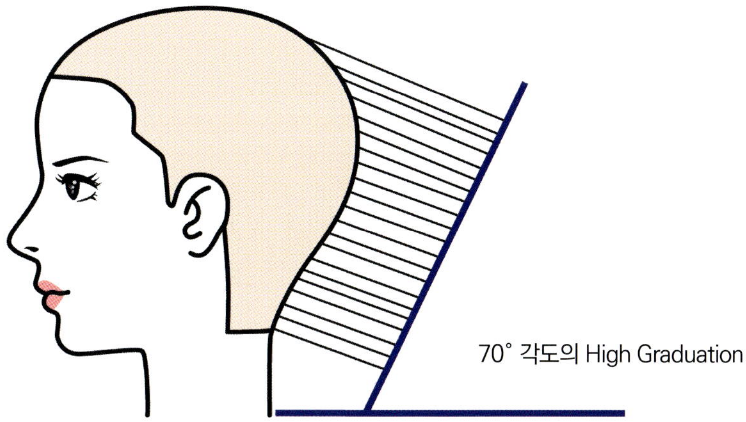

3) 시술준비

파트(Part)	왼쪽 파트(Left Part)
블로킹(Blocking)	5등분
정중선 층높이	7㎝
슬라이스(Slice) 폭	1~2㎝
시술각(Projection)	70˚(자연시술각)
섹션(Section)	전대각(Concave)
베이스(Base)	사이드 베이스(Side Base)
분배(Distribution)	변이분배
이동 & 고정 가이드라인 (Mobile & Stationary Guide Line)	네이프 라인(Nape Line)에서 2~3㎝

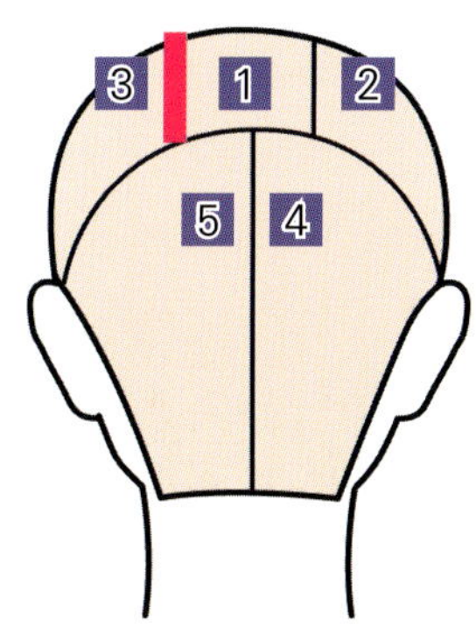

블로킹순서와 모양

4) 가이드라인(Guide Line) 커트기법

① 가이드라인(Guide Line) 두발길이는 네이프 라인(Nape Line)에서 3㎝로 한다.

② N.P에 2㎝ 양 사이드(Side)에 N.S.P는 1㎝를 전대각(Concave) 섹션으로 슬라이스(Slice)한다.

③ 정중선부위에 두발을 자연 상태로 내려서 4~5㎝넓이를 3㎝길이로 일직선으로 커트한다.

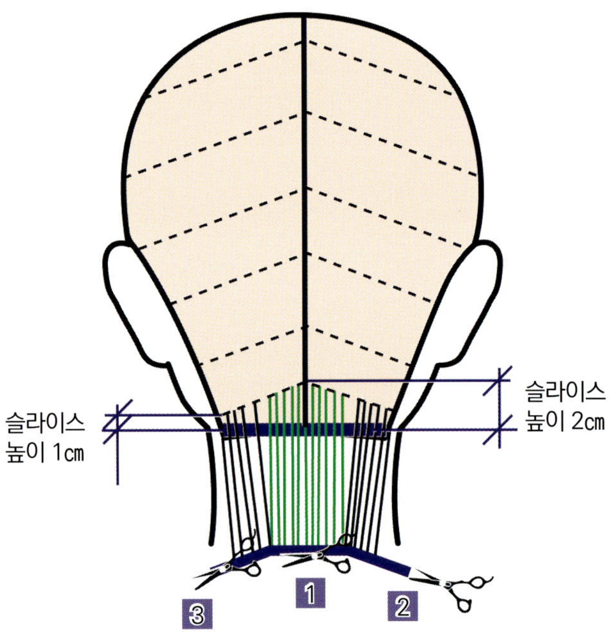

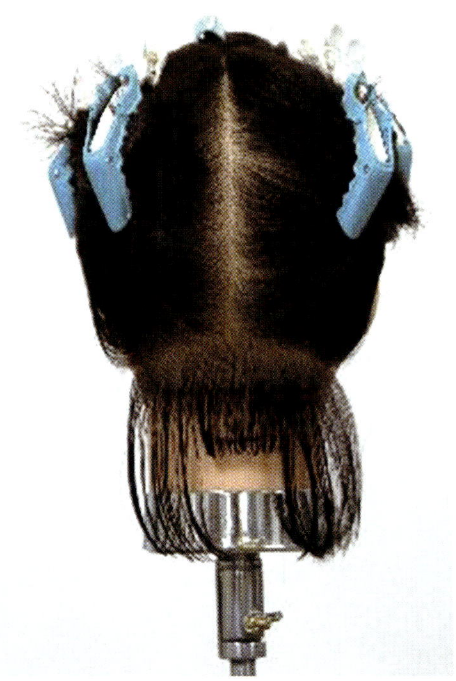

④ 오른쪽에 남은 두발을 70° 각도로 들어 섹션의 모양과 평행하게 잡고 커트한다.

⑤ 왼쪽에 남은 두발을 오른쪽과 같은 방법으로 커트한 후 양 사이드(Side)의 길이 를 확인한다.

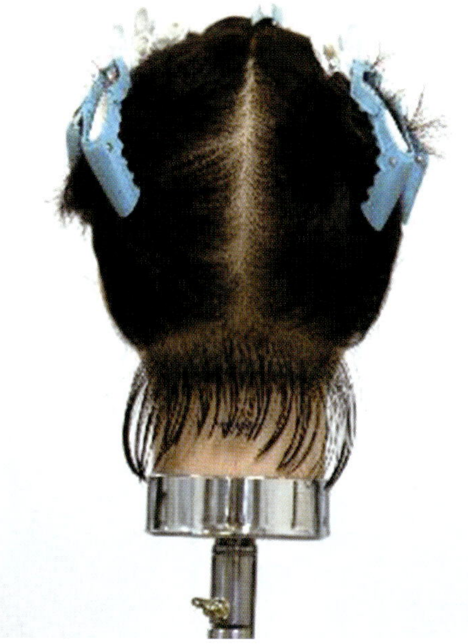

5) 두정부(Crown) 커트기법

① 두 번째 섹션을 첫 번째 가이드라인(Guide Line) 섹션과 평행으로 슬라이스(Slice) 한다.

② 전대각(Concave) 섹션으로 빗겨서 내려오고 왼손에 잡은 손가락의 위치와 커트되는 라인은 반드시 평행으로 이뤄져야 한다.

③ 두발을 70˚ 각도로 들어 가이드라인(Guide Line)에 맞춰서 커트한다.

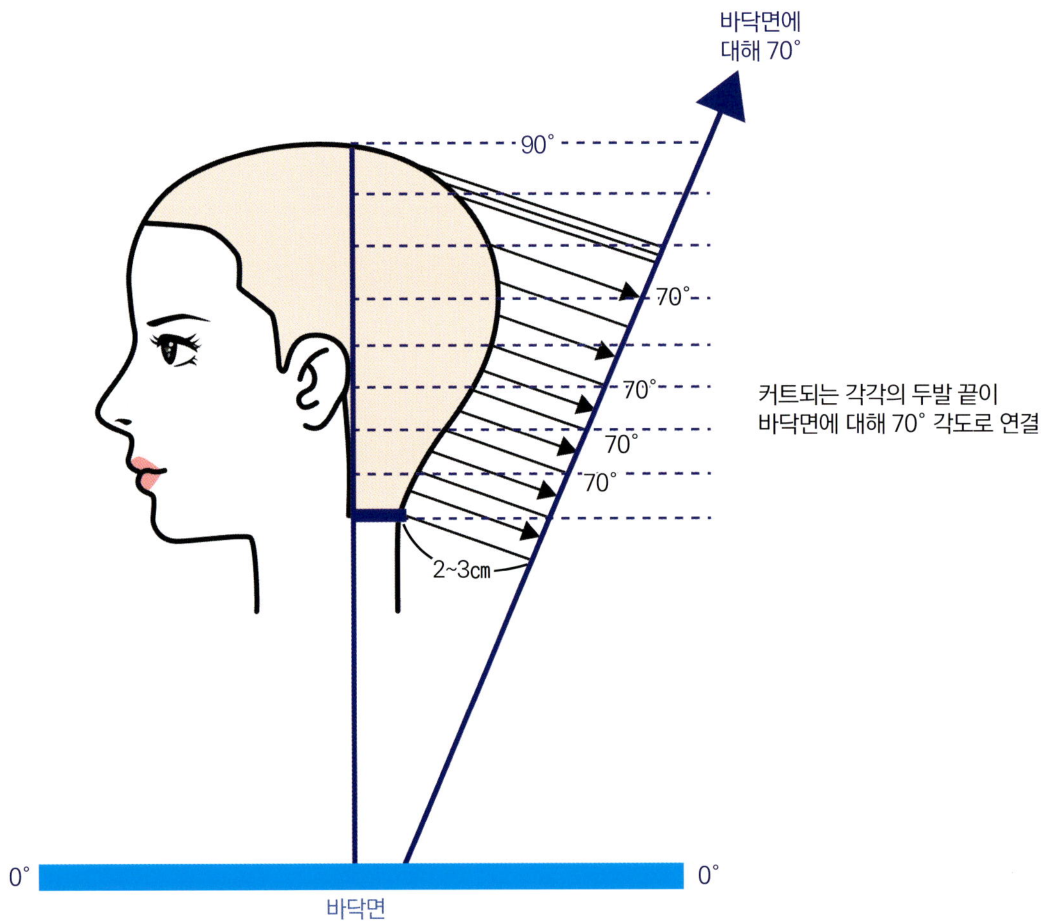

④ 세 번째 네 번째 다섯 번째 섹션을 슬라이스(Slice)해 두 번째 섹션과 같은 방법으로 커트한다.

⑤ 커트한 두발을 수직섹션(Vertical Section)으로 들어 크로스 체크(Cross Check) 한다.

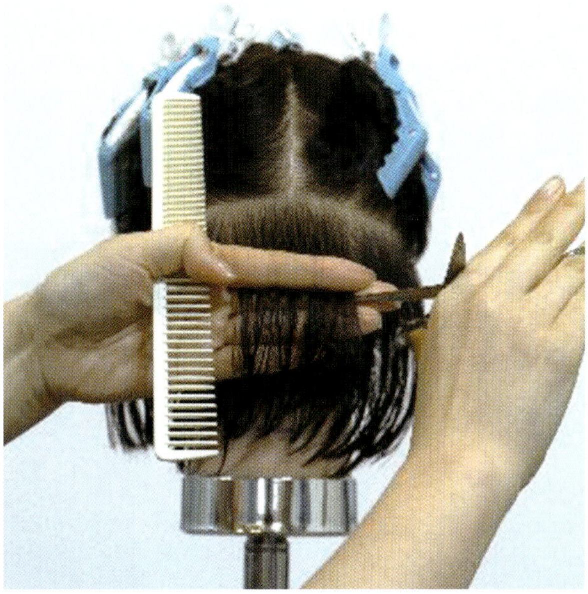

⑥ 커트된 각각의 두발 끝 라인이 바닥면에 대해 70°각도로 연결된다.

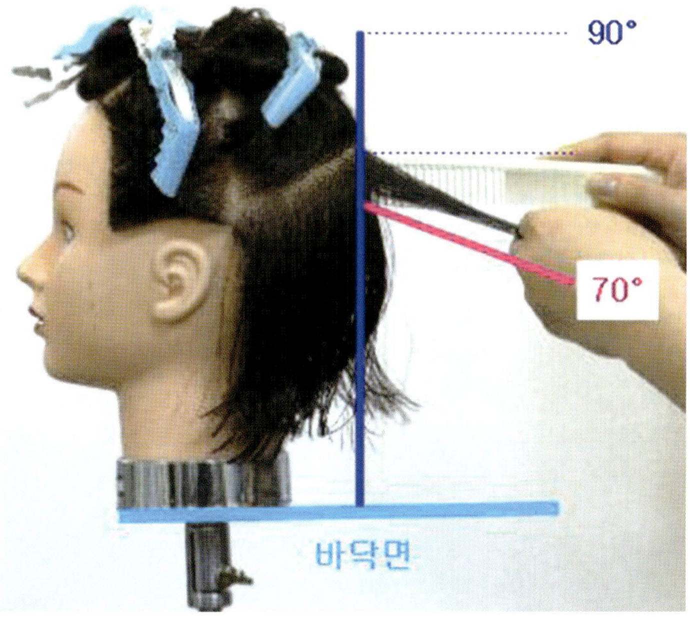

⑦ 골든 포인트(G.P)부위로 진행되면서 고정 가이드라인(Stationary Guide Line)을 적용한다.

⑧ 두발이 자연스럽게 두피에 얹어진 채로 바닥면에 대해 70°각도로 빗질하여 커트한다.

⑨ 양 사이드(Side)에 두발길이가 같은지 확인한다.

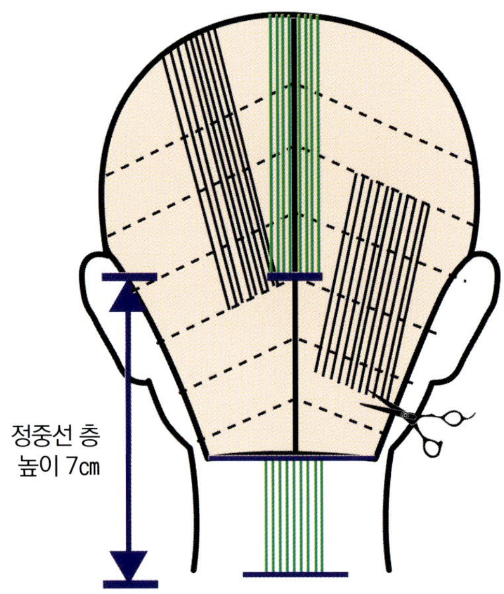

6) 오른쪽 측두부(Right Side) 커트기법

① 사이드라인(Side Line)에 두발을 E.B.P에 2㎝ S.C.P에 1㎝를 전대각(Concave) 섹션으로 슬라이스(Slice)한다.

② S.C.P에 두발길이를 네이프 라인(Nape Line)에 두발길이와 최소 같은 길이로 연결해 커트한다.

③ 두발의 길이가 1~2㎝길게 여유가 있을 경우 그 길이를 기준으로 한다.

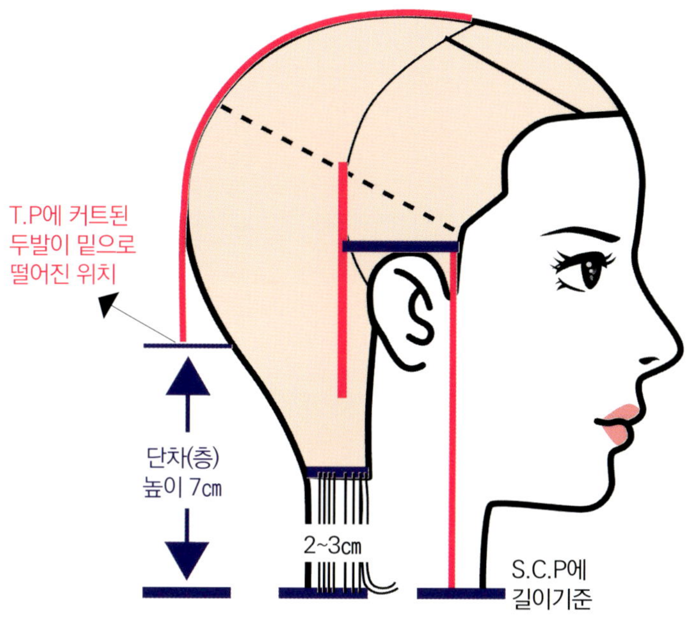

④ 전대각(Concave)섹션을 뒤로 연장시켜 두정부(Crown) 커트라인과 S.C.P에 두발 끝이 비평행 섹션으로 연결되게 커트한다.

⑤ 두정부(Crown) 커트된 두발과 옆머리 사이에 삼각공간이 형성된다.

⑥ 귀 뒤로 넘기면 뒤에서 떨어진 후대각(Convex)라인과 자연스럽게 두발의 흐름이 연결된다.

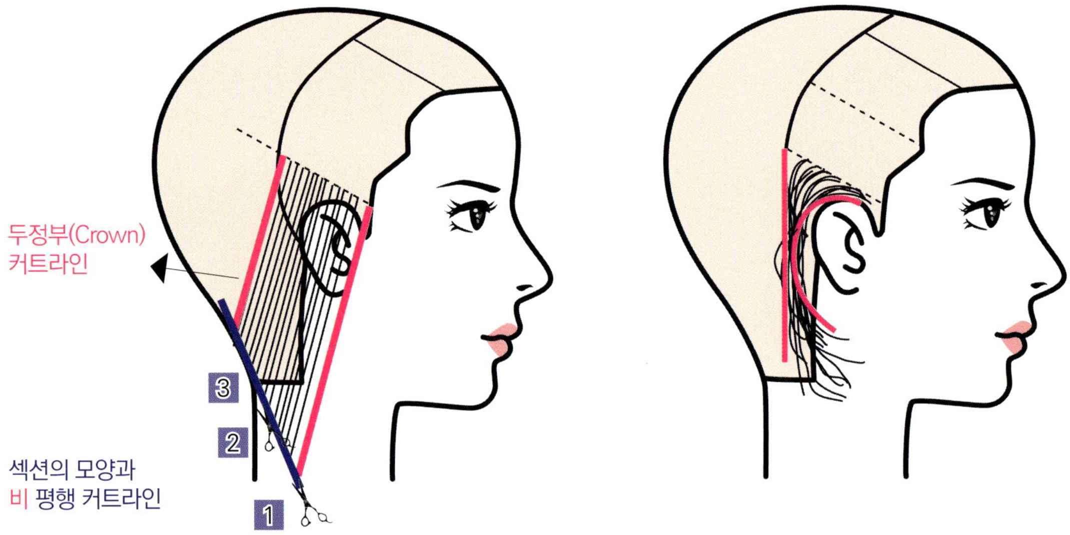

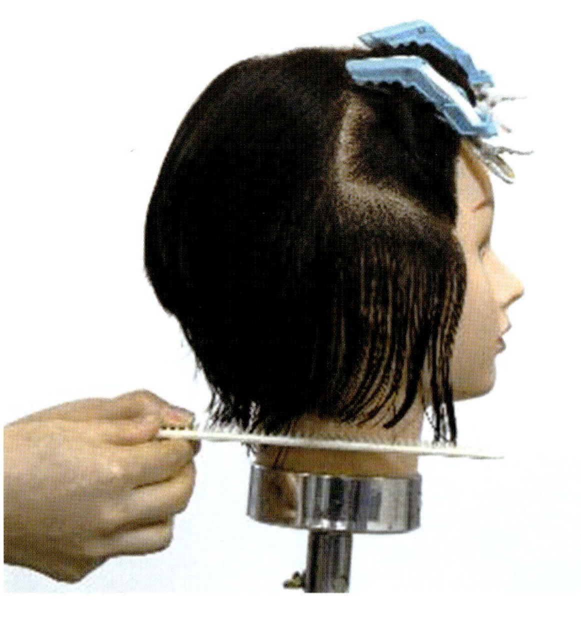

⑦ 두 번째 섹션을 비 평행으로 커트된 가이드라인(Guide Line)에 맞춰서 70°각도로 커트한다.

⑧ 세 번째 섹션은 고정 가이드라인(Guide Line)이 적용되는 부위이다.

⑨ 두발이 자연스럽게 두피에 얹어진 채로 바닥면에 대해 70°각도로 빗질하여 커트한다.

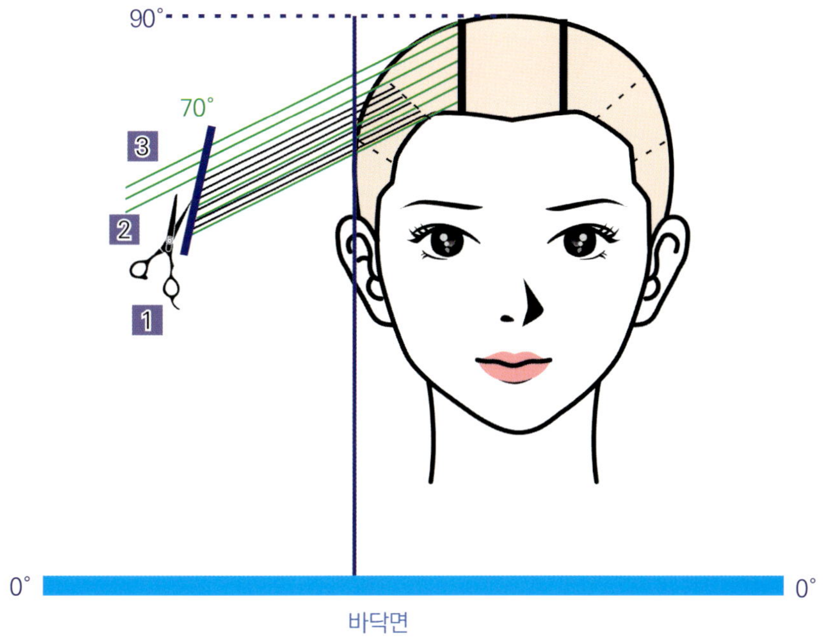

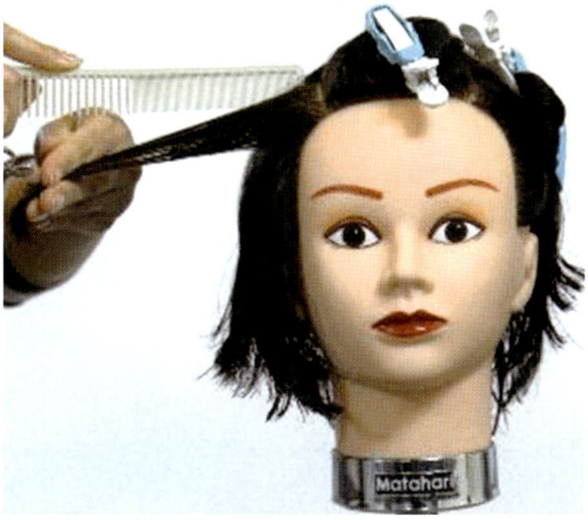

7) 왼쪽 측두부(Left Side) 커트기법

① 사이드라인(Side Line)에 두발을 E.B.P에 2㎝ S.C.P에 1㎝를 전대각(Concave) 섹션으로 슬라이스(Slice)한다.

② 오른쪽 S.C.P에 커트한 두발길이를 표시한 후 같은 길이로 커트한다.

③ 전대각(Concave)섹션에서 두정부(Crown) 커트라인과 S.C.P 두발길이를 비 평행 커트라인으로 연결한다.

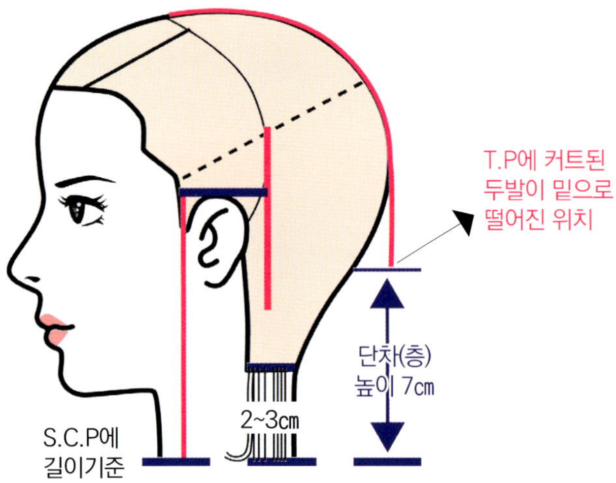

④ 두정부(Crown) 커트된 두발과 옆머리 사이에 삼각공간이 형성된다

⑤ 귀 뒤로 넘기면 뒤에서 떨어진 후대각(Convex)라인과 자연스럽게 두발 흐름이 연결된다.

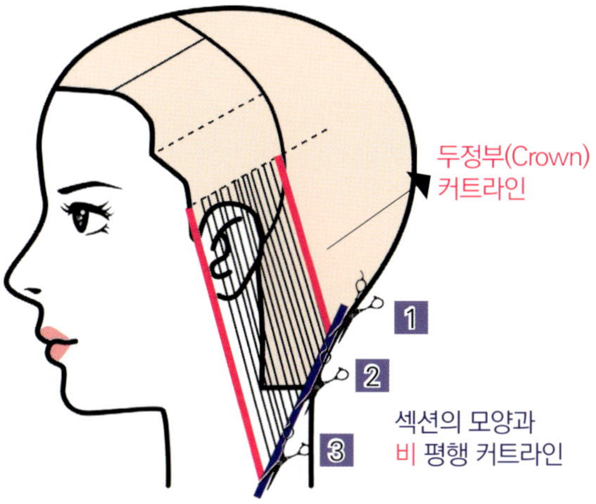

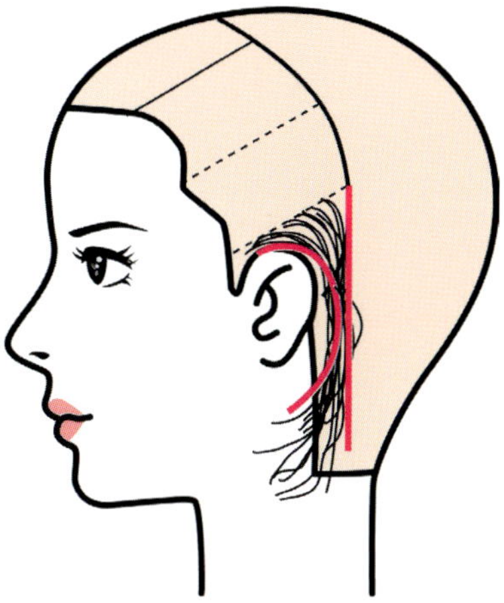

⑥ 양쪽 옆머리 길이가 동일한지 확인한다.

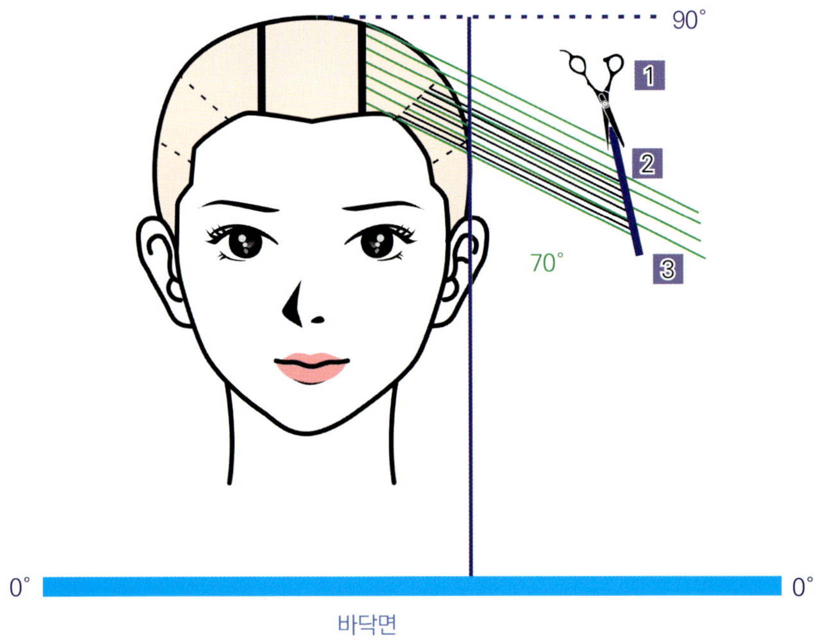

8) 전두부(Top) — 앞머리 커트기법

① 왼쪽 사이드 파트로 섹션을 나눈다.

② 오른쪽 옆머리 방향에서 커트한다.

③ 앞머리 섹션 2㎝정도를 오른쪽 옆머리 방향 쪽으로 내린다.

④ 70˚각도로 빗겨내려 오른쪽 옆머리 맨 위 섹션에 두발을 가이드라인(Guide Line)으로 맞춰서 커트한다.

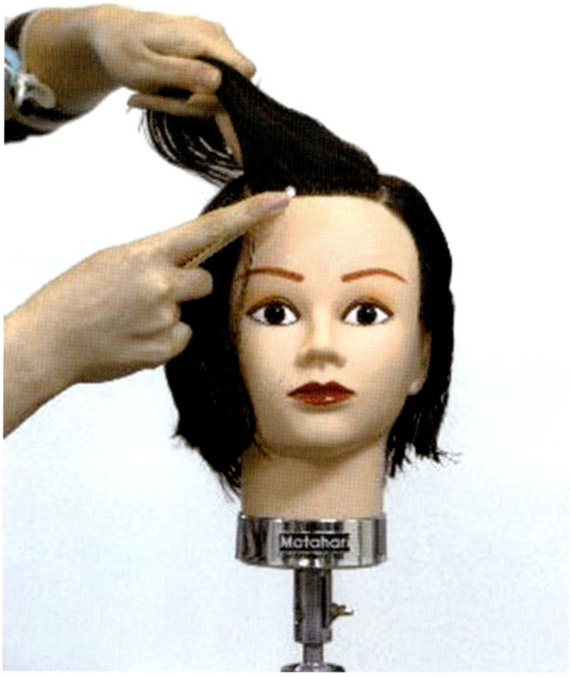

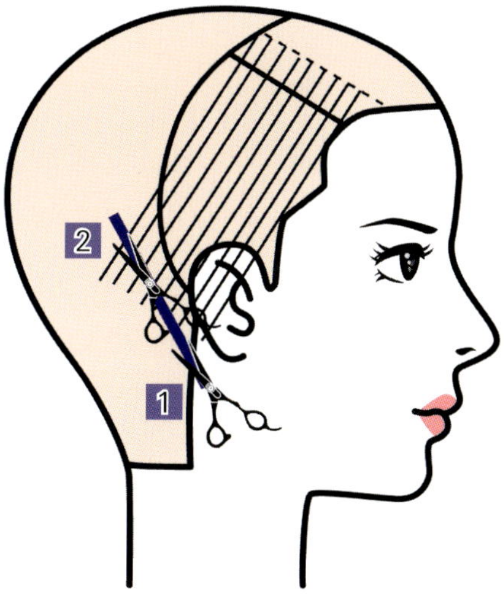

⑤ 두 번째 섹션을 오른쪽 옆으로 내려 70˚각도로 빗질해 내려와 방금 커트한 가이드라인에 맞춰서 커트한다.

⑥ 세 번째 섹션도 두 번째 섹션과 동일한 방법으로 시술한다.

⑦ 네 번째 섹션도 세 번째 섹션과 동일한 방법으로 시술한다.

⑧ 전두부(Top) 네 개 섹션의 두발을 70˚각도로 빗겨내려 연결 상태를 확인한다.

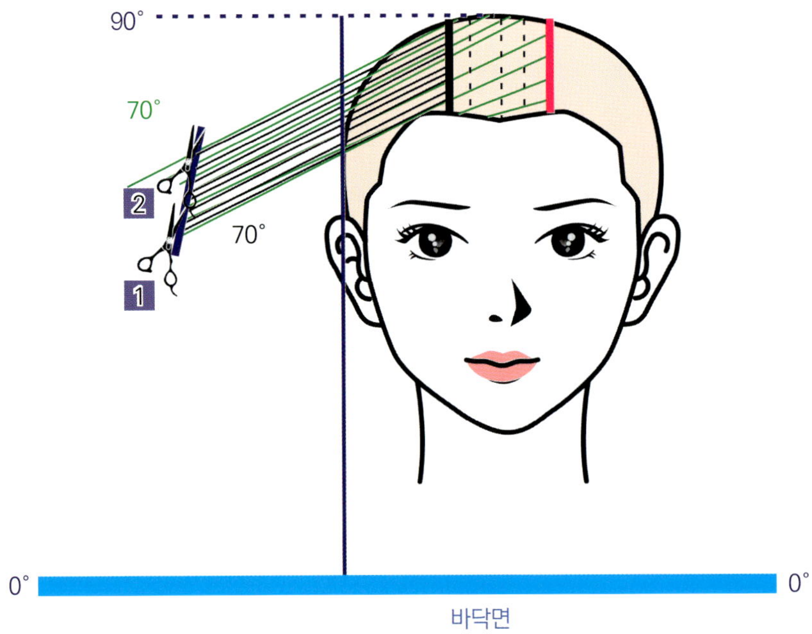

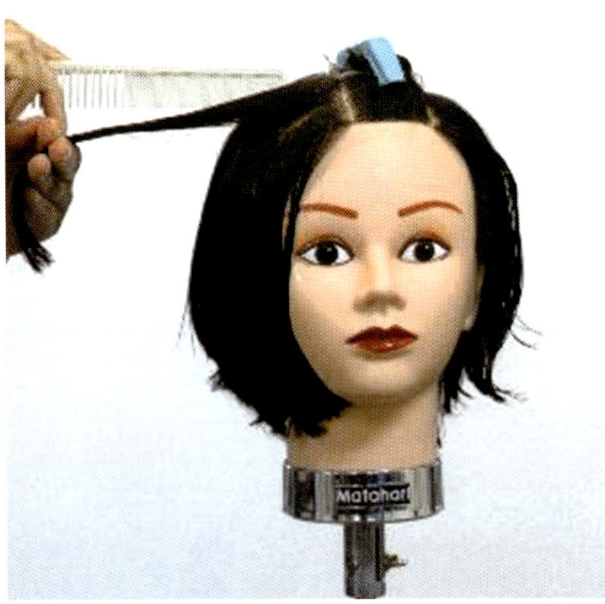

9) 마무리 체크 커트(Check Cut)

① 앞머리 완성 후 왼쪽 사이드파트(Side Part) 로 두발을 정돈한다.

② 각도를 들어 연결 상태를 확인한다.

③ 양 사이드(Side)에 두발길이를 확인한다.

④ 전체 스타일에 아웃 라인(Out Line)을 체크한다.

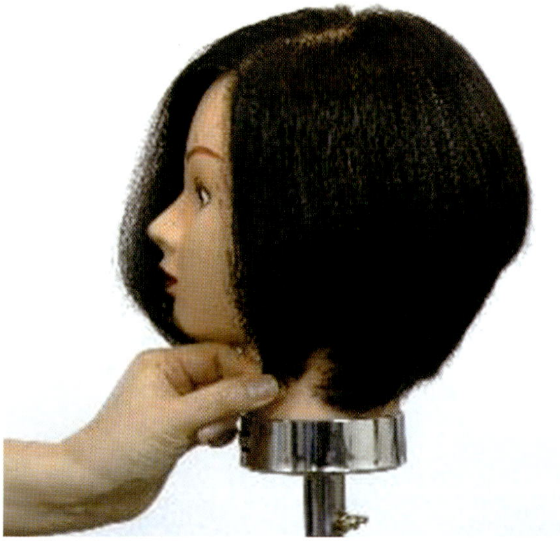

10) 완성된 디자인

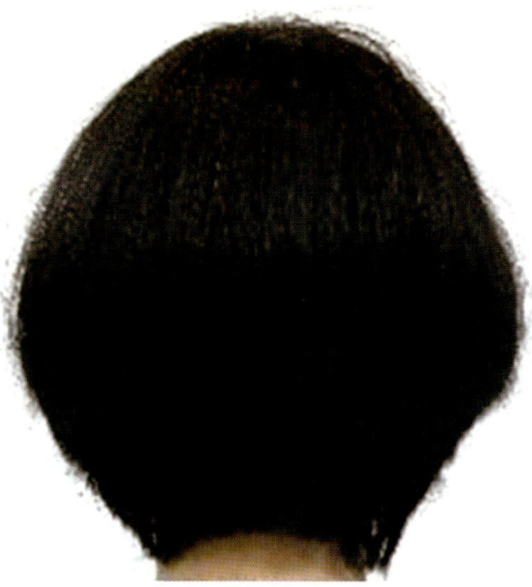

Chapter

4

레이어 커트(Layer Cut)

4-Ⅰ 레이어 커트(Layer Cut)의 정의와 종류

1. 레이어 커트(Layer Cut)의 정의

1) 두발길이

① 두발길이가 위로 점점 짧아지거나(인크리스 레이어), 모두 같다.(유니폼 레이어)

② 두발 표면에 층이 연속적으로 보인다.

2) 시술각 적용

① 일반시술각(두상각도—Head Angle)을 적용한다.

② 두발을 두피로부터 90˚이상으로 들어 커트한다.

2. 레이어 커트(Layer Cut)의 종류별 특징

1) 레이어 커트(Layer Cut)의 종류

① 네츄럴 인버전 (Natural Inversion)	② 스퀘어 레이어 (Square Layer)	③ 인크리스 레이어 (Increase Layer)	④ 인 레이어 (In Layer)	⑤ 유니폼 레이어 (Uniform Layer)
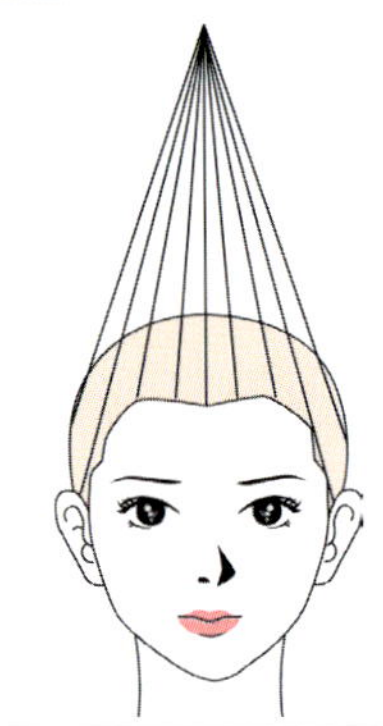	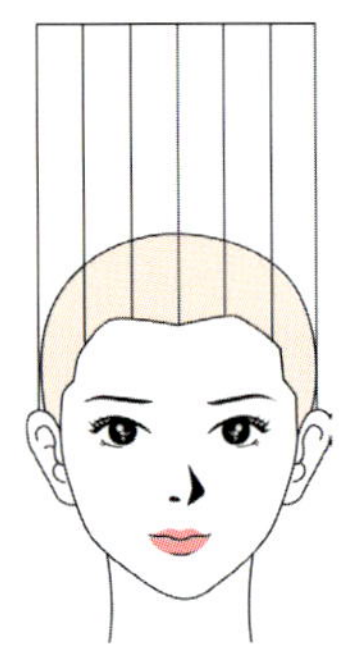	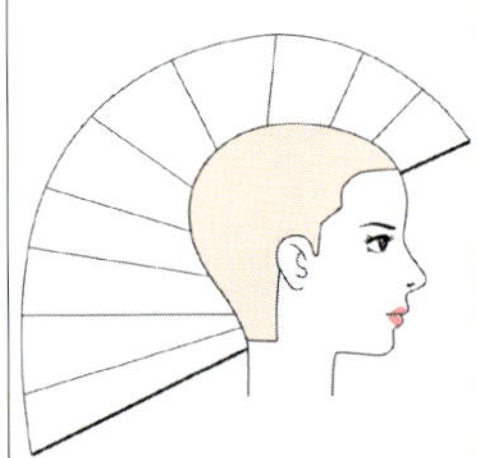	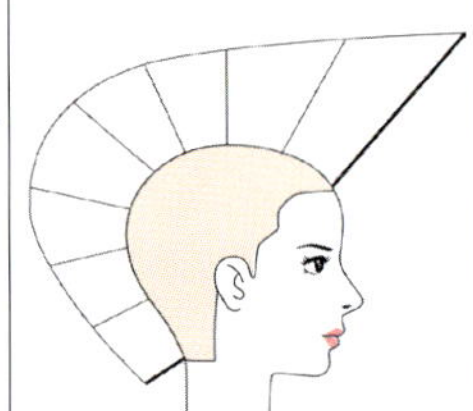	

2) 레이어 커트(Layer Cut)의 종류별 특징

① 네츄럴 인버전(Natural Inversion)

레이어 스타일중 층이 높고 두발의 밑부분으로 갈수록 무게감이 느껴지는 스타일이다.

② 스퀘어 레이어(Square Layer)

롱 레이어의 경쾌한 움직임을 주고 모발 끝이 뻗치는 느낌을 표현할 수 있다.

③ 인크리스 레이어(Increase Layer)

자연스럽고 가벼워 층이 많이 보이는 거친 느낌이 나는 스타일이다.

④ 인 레이어(In Layer)

두발이 위로 갈수록 미세하게 조금씩 길어져서 층과 층이 연결되는 스타일이다.

⑤ 유니폼 레이어(Uniform Layer)

두상으로부터 모든 두발의 길이가 동일하게 커트된 스타일이다.

4 - II 레이어 커트(Layer Cut) 실기

1. 네츄럴 인버전 커트(Natural Inversion Cut)

1) 스타일(Style)의 개요

① 레이어 스타일중 층이 높고 두발의 밑부분으로 갈수록 기장이 길어져 무게감이 느껴진다.

② 고정 가이드라인(Stationary Guide Line)을 적용한다.

2) 외곽선의 도해도

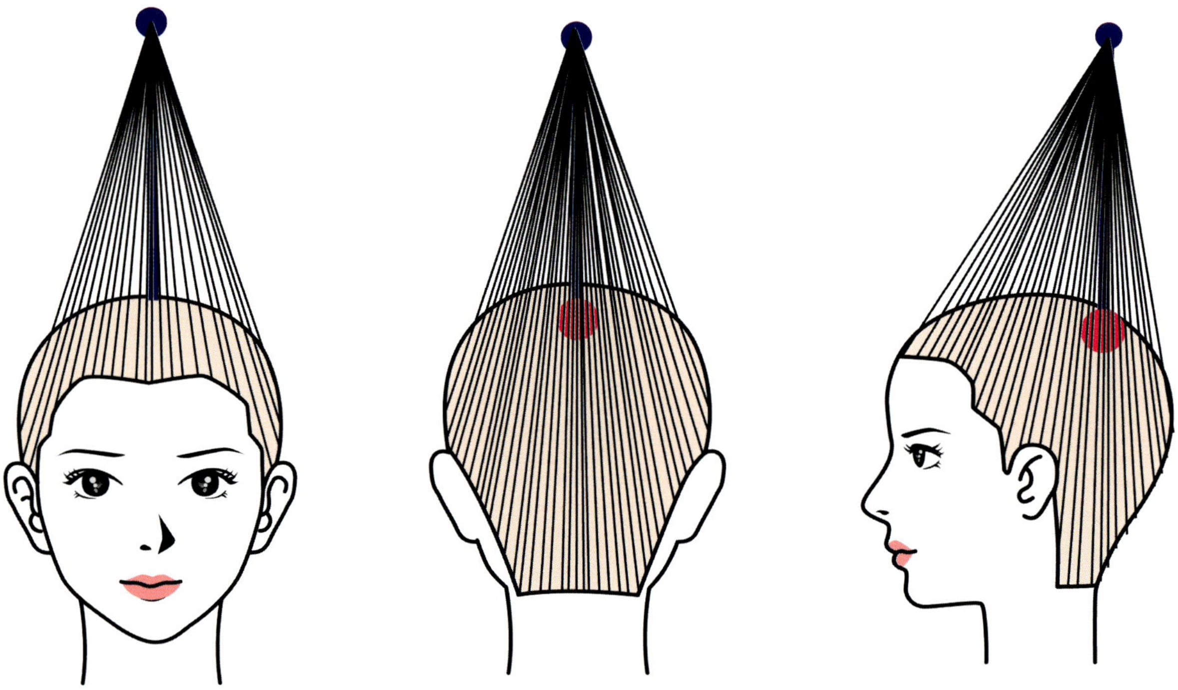

전면 / 후면 / 측면

3) 시술준비

파트(Part)	노 파트(No Part)
블로킹(Blocking)	노 블로킹(No Blocking)
정중선 층높이	40㎝ 이상
슬라이스(Slice) 폭	1~2㎝
시술각(Projection)	—
섹션(Section)	—
베이스(Base)	—
분배(Distribution)	변이분배
고정 가이드라인(Stationary Guide Line)	골든 포인트(G·P)에서 17㎝

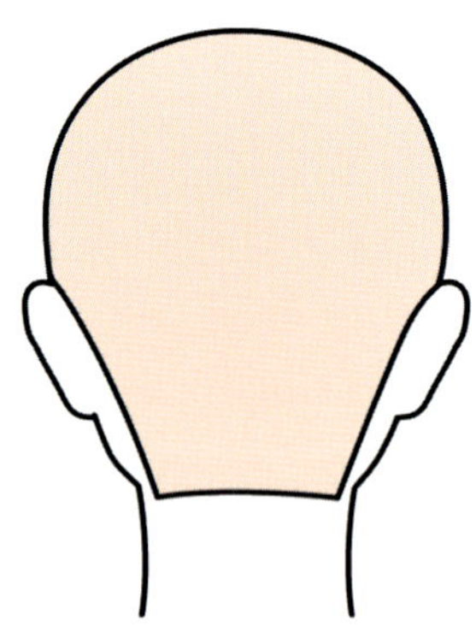

노 블로킹

4) 네이프 라인(Nape Line) 두발길이의 조건

① 네이프 라인(Nape Line)에 두발길이가 37㎝ 이상은 되어야 한다.

② 고정 가이드라인(Stationary Guide Line)의 높이만큼 올라가서 커트될 수 있는 길이가 확보되어야 한다.

③ 고정 가이드라인(Stationary Guide Line)의 두발길이를 길게 설정할수록 네이프라인(Nape Line)의 두발길이는 더 길어져야 한다.

④ 아래 그림은 네이프 라인(Nape Line)에서 골든 포인트(G.P)까지 두상형태의 길이를 20㎝로 가정한 두발길이의 조건이다.

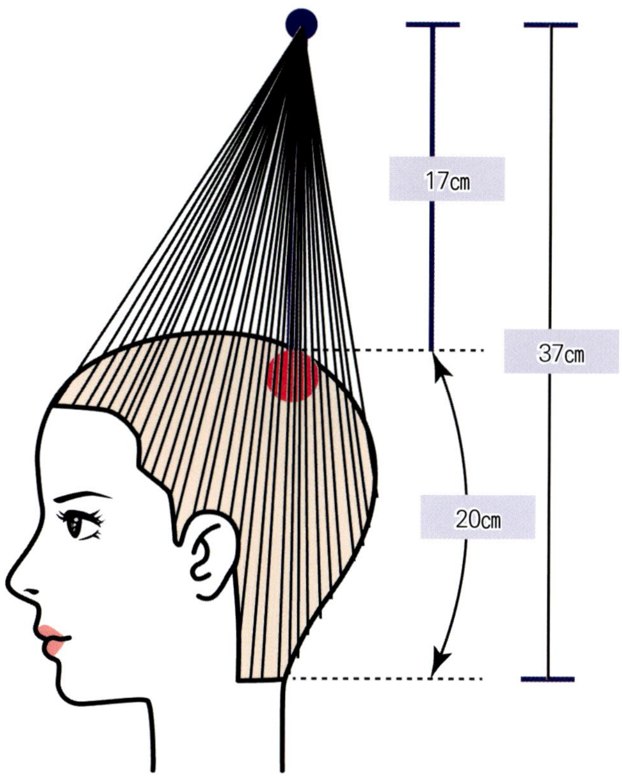

네이프라인(Nape Line)의 두발길이가 고정 가이드라인(Stationary Guide Line)의 높이만큼 올라가서 커트될 수 있는 37㎝이상 되어야 한다. (모델의 두상형태에 따라 달라진다.)

5) 커트 빗 잡는 방법

① 빗살이 굵고 넓은 쪽이 밑으로 향하도록 한다.

② 펜슬 핸드(Pencil Hand—연필 잡는 법) 기법으로 잡는다.

③ 팔목을 유연하게 크게 움직이며 좌우 두발을 가지런히 빗질하며 커트한다.

④ 빗을 사선(Diagonal)으로 위치해 두발이 너무 많이 떠올려지지 않게 한다.

6) 커트 빗의 기본동작 기법

① 고정 가이드라인(Stationary Guide Line)을 왼손 검지와 중지손가락 사이에 끼워 수직으로 세워 잡는다.

② 커트할 두발을 빗으로 떠올려서 왼손 엄지손가락에 우선 고정해 놓고 밑 부분에 흐트러진 두발을 정돈한다.

③ 엄지손가락에 끼워두었던 두발을 베이스로부터 고정 가이드라인(Stationary Guide Line) 쪽으로 곧게 펴 빗질한 후 검지와 중지손가락에 있는 고정 가이드라인(Stationary Guide Line)의 두발과 함께 잡고 커트한다.

④ 방금 커트한 두발에 빗살을 넣어서 밑으로 떨어뜨려 준 후 빗으로 가지런히 빗질한다. 이때 고정 가이드라인의 두발은 왼손 엄지손가락으로 눌러서 두발이 밑으로 빠지지 않게 한다.

7) 고정 가이드라인(Stationary Guide Line) 커트기법

① 골든 포인트(G.P)에 두발 가닥을 수직선상으로 빗어 올려 17㎝로 커트한다.

② 수직선상의 17㎝ 높이에 두발을 모아서 끝 지점(●)을 고정가이드라인 (Stationary Guide Line)으로 한다.

③ 고정 가이드라인(Stationary Guide Line)의 위치를 베이스(Base)에 표시해 두고 잃어버리지 않도록 한다.

④ 고정 가이드라인(Stationary Guide Line)에 두발을 왼손 검지와 중지손가락 사이에 끼워 고정한다.

⑤ 커트하는 동안 두상이 한쪽으로 기울지 않고 수직으로 세워져 있어야 한다.

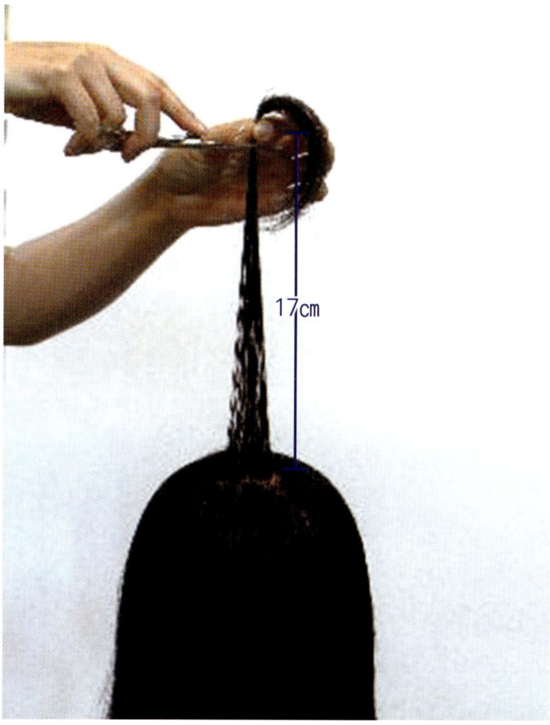

8) 모든 두발의 커트기법

① 두발을 흐름대로 가지런히 빗질한다.

② 고정 가이드라인(Stationary Guide Line)을 수직으로 세워 잡는다.

③ 고정 가이드라인(Stationary Guide Line)의 가까운 부위부터 커트하고 차츰 밑으로 진행한다.

④ 네이프 라인(Nape Line)쪽 두발을 가장 늦게 커트한다.

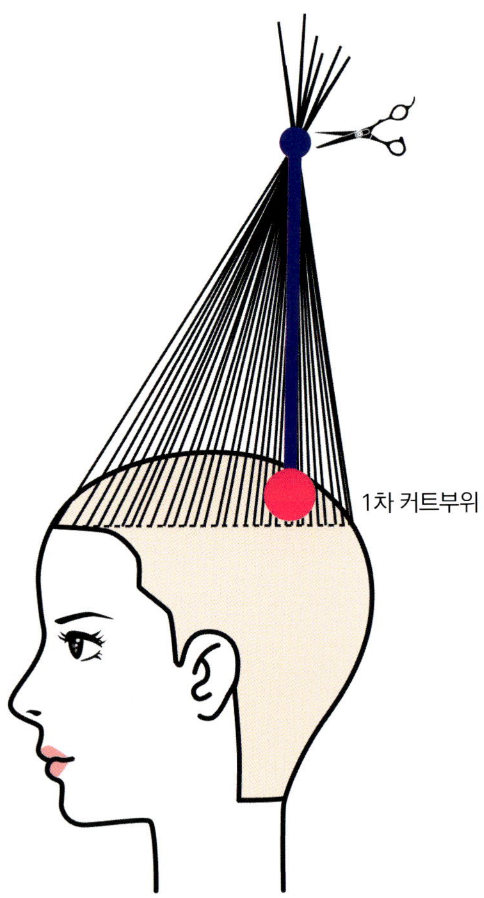

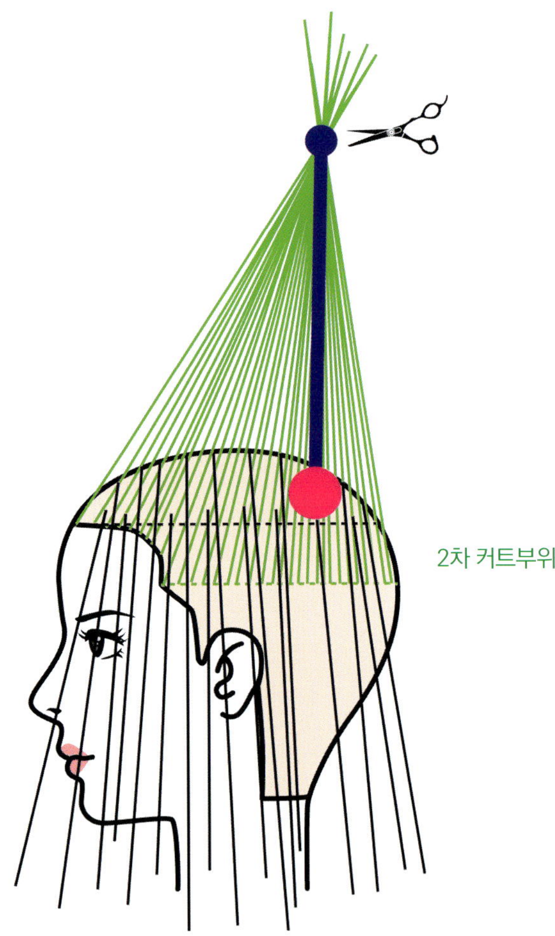

1차로 커트된 두발이 밑으로 떨어진 상태

⑤ 커트될 두발의 스트랜드(Strand)가 두피로부터 고정 가이드라인(Stationary Guide Line)을 향해 변이 분배(Shifted Distribution)로 커트된다.

⑥ 위쪽에 두발을 커트하고 난 후 밑 부분에 커트할 긴 두발을 빗으로 떠올리면 위쪽에서 먼저 커트된 두발은 밑으로 떨어진다.

⑦ 인테리어(Interior)부위는 두발 베이스(Base)부터 곧게 펴진 상태로 빗질되어서 고정 가이드라인(Stationary Guide Line)의 두발과 모아져서 커트한다.

⑧ 익스테리어(Exterior)부위에 두발은 백 포인트(B.P)까지는 두피 쪽에 붙여지게 빗질해 올라온 후 인테리어(Interior) 부위는 곧게 펴진 채로 빗질한다.

⑨ 고정 가이드라인(Stationary Guide Line)이 수직상태에서 움직이면 두발길이가 다르게 커트된다.

9) 마무리 체크 커트(Check Cut)

① 네이프 라인(Nape Line)에서부터 커트한 모든 두발을 빗질해 모아 잡는다.

② 고정 가이드라인(Stationary Guide Line)을 중심으로 튀오나오는 두발이 없는지 확인한다.

③ 고정 가이드라인(Stationary Guide Line)을 중심으로 외부로 갈수록 두발은 점점 더 길어진다.

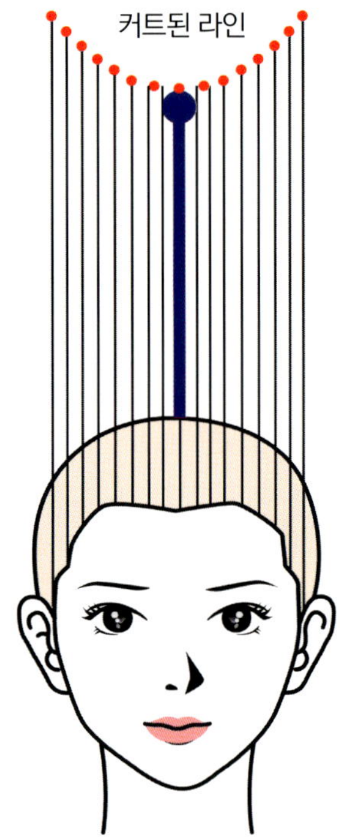

10) 완성된 디자인

Tip

층의 높이 조절

① 층의 높이 조절

롱 레이어(Long Layer) 스타일에 시술하는 테크닉 기법으로 두발이 중력에 의해 밑으로 떨어졌을 때 골든 포인트(G.P)에서 떨어진 두발 끝에서부터 네이프라인(Nape Line)에 두발 끝 부분까지의 단차(층) 높이를 원하는 만큼 조절해 커트 할 수 있다.

② 커트기법

ⓐ 네이프 라인(Nape Line)에 두발길이를 결정한다.

ⓑ 골든 포인트(G.P)에 두발을 밑으로 자연스럽게 떨어뜨린 후 위쪽으로 올라가는 단차(층)의 높이를 결정한다.

ⓒ 골든 포인트(G.P)에 커트한 두발을 수직으로 들어 올려 고정 가이드라인(Stationary Guide Line)으로 정한다.

ⓓ 고정 가이드라인(Stationary Guide Line)을 수직으로 곧게 세운 후 커트할 두발을 떠올려서 커트한다.

2. 스퀘어 레이어 커트(Square Layer Cut)

1) 스타일(Style)의 개요

① 롱 레이어(Long Layer)에 경쾌한 움직임을 주고 모발 끝이 뻗치는 느낌을 표현할 수 있으며 네츄럴 인버전(Natural Inversion) 스타일과 비교해 외곽선이 조금은 가볍게 느껴지는 스타일이다.

② 프리미터 라인(Perimeter Line)의 두발길이를 남겨 두고 프런트(Front)에 볼륨감을 주고 싶을 때 사용한다.

③ 고정 가이드라인(Stationary Guide Line)을 적용한다.

2) 외곽선의 도해도

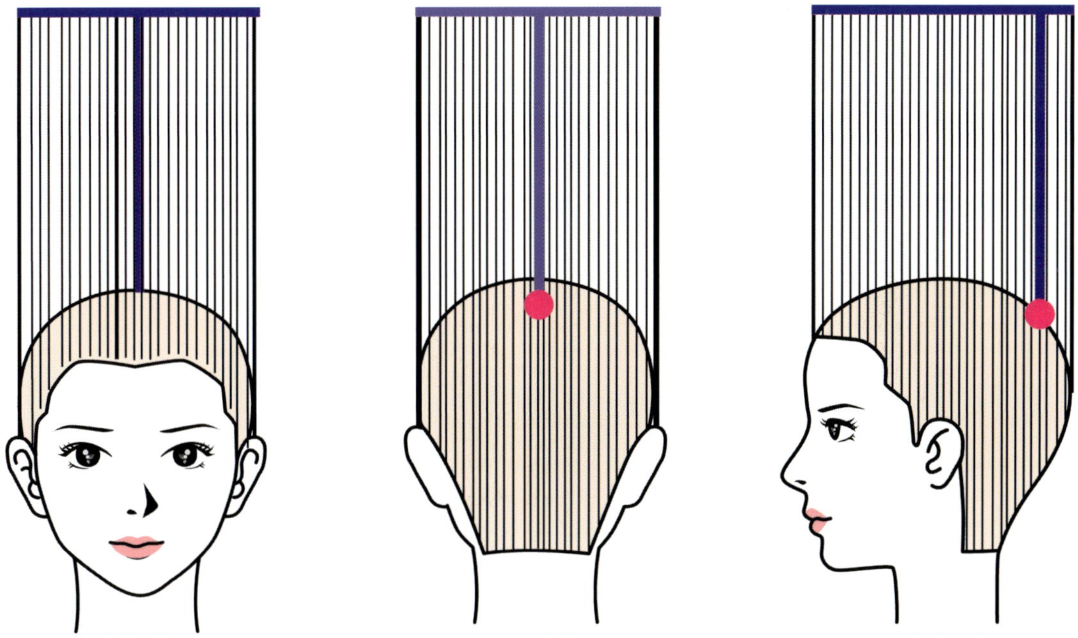

3) 시술준비

파트(Part)	노 파트(No Part)	
블로킹(Blocking)	노 블로킹(No Blocking)	
정중선 층높이	30㎝이상	
슬라이스(Slice) 폭	1~2㎝	
시술각(Projection)	—	
섹션(Section)	—	
베이스(Base)	—	
분배(Distribution)	방향 분배	
고정 가이드라인(Stationary Guide Line)	골든 포인트(G·P)에서 15㎝	

4) 네이프 라인(Nape Line)의 두발길이 조건

① 네이프 라인(Nape Line)에 두발길이가 34㎝ 이상은 되어야 한다.

② 고정 가이드라인(Stationary Guide Line)의 높이만큼 올라가서 커트될 수 있는 길이가 확보되어야 한다.

③ 고정 가이드라인(Stationary Guide Line)의 두발길이를 길게 설정할수록 네이프라인(Nape Line)의 두발길이는 더 길어져야 한다.

④ 아래 그림은 네이프 라인(Nape Line)에서 백 포인트(B.P)까지 두상형태의 길이를 12㎝로, 백 포인트(B.P)에서 골든 포인트(G.P)까지 수직높이를 7㎝로 가정한 두발길이의 조건이다.

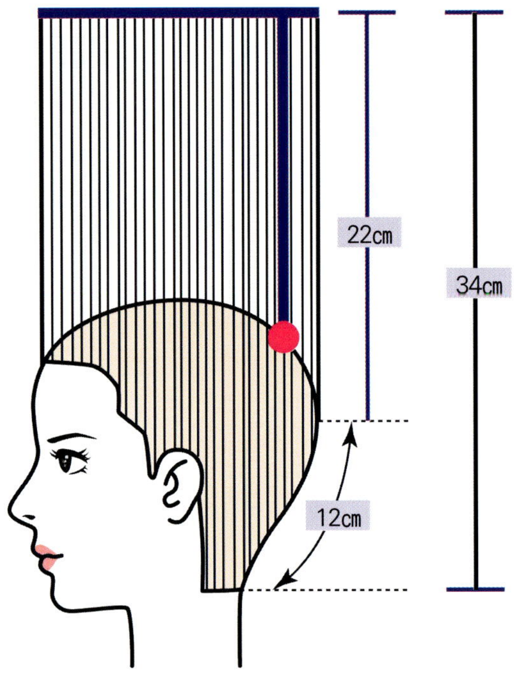

네이프 라인(Nape Line)의 두발길이가 고정 가이드라인(Stationary Guide Line)의 높이만큼 올라가서 커트될 수 있는 34㎝이상 되어야 한다. (모델의 두상형태 길이에 따라 달라진다.)

5) 커트 빗 잡는 방법

① 빗살이 굵고 넓은 쪽이 밑으로 향하도록 한다.

② 펜슬 핸드(Pencil Hand—연필 잡는 법) 기법으로 잡는다.

③ 팔목을 유연하게 크게 움직이며 좌우 두발을 가지런히 빗질하며 커트한다.

④ 빗을 사선(Diagonal)으로 위치해 두발이 너무 많이 떠올려지지 않게 한다.

6) 커트 빗의 기본동작 기법

① 왼손 검지와 중지손가락 사이에 끼워놓은 고정 가이드라인(Stationary Guide Line)을 수직으로 세워 잡는다.

② 커트할 두발을 빗으로 떠올려서 왼손 엄지손가락에 우선 고정해 놓고 밑 부분에 흐트러진 두발을 정돈한다.

③ 엄지손가락에 잡고 있던 두발을 가이드라인(Guide Line)과 함께 베이스(Base) 부분부터 수직으로 펴지도록 빗질한다.

④ 커트한 두발의 가이드라인(Guide Line)은 밑으로 떨어지도록 하고 바로 전에 커트한 두발을 가이드라인(Guide Line)으로 빗살에 남겨 다음 두발을 커트할 때 사용한다.

7) 고정 가이드라인(Stationary Guide Line) 커트기법

① 고정 가이드라인(Stationary Guide Line) 두발길이를 골든 포인트(G.P)에서 15㎝로 한다.

② 골든 포인트(G.P)에 두발을 수직으로 들어 올려 15㎝로 커트한다.

③ 15㎝로 커트한 높이의 수평면이 고정 가이드라인(Stationary Guide Line)이다.

④ 15㎝로 커트한 두발을 왼손에 잡고 오른손의 빗으로 커트될 두발을 수직선으로 들어 올려 커트한다.

⑤ 모든 두발이 15㎝ 높이에 수평면에서 커트되는 것이므로 직전에 커트한 두발이 바로 다음에 커트되는 섹션에 가이드라인(Guide Line)이 된다.

⑥ 이 스타일은 탑 포인트(T.P) 부위의 두발길이가 가장 짧다.

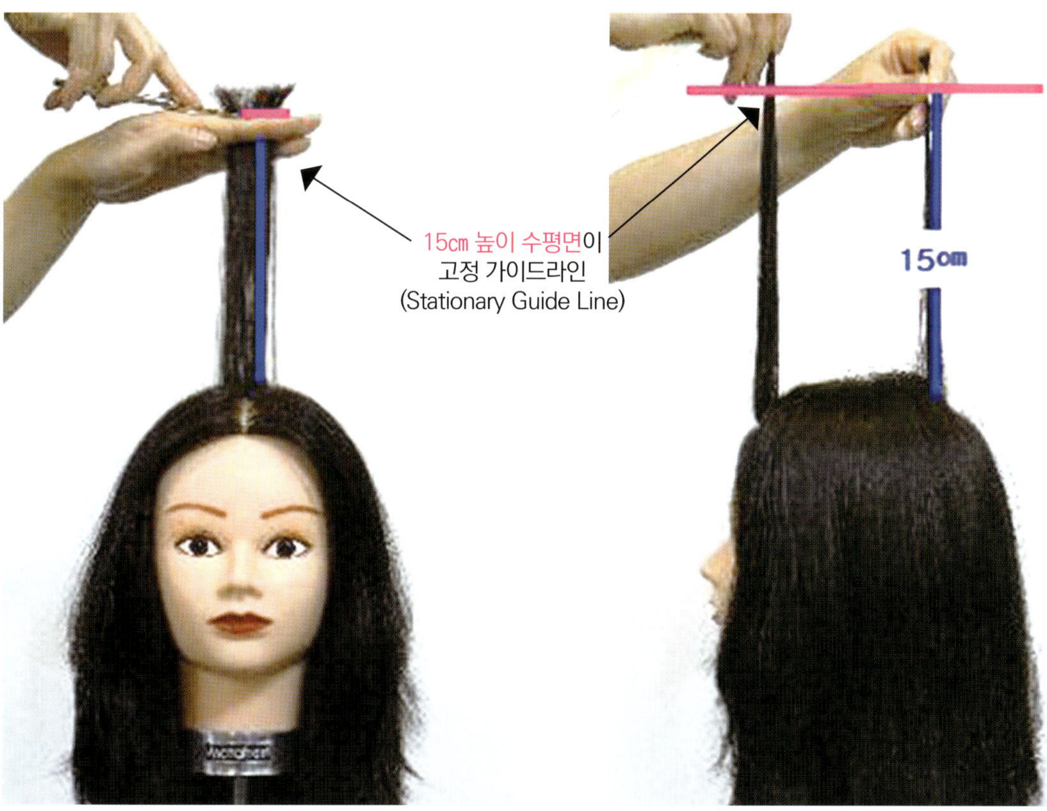

8) 모든 두발의 커트기법

① 두발을 흐름대로 가지런히 빗질한다.

② 고정 가이드라인(Stationary Guide Line)을 수직으로 세워 잡는다.

③ 고정 가이드라인(Stationary Guide Line)의 가장 가까운 부위부터 커트하면서 차츰 밑으로 진행한다.

④ 네이프 라인(Nape Line)쪽 두발을 가장 늦게 커트한다.

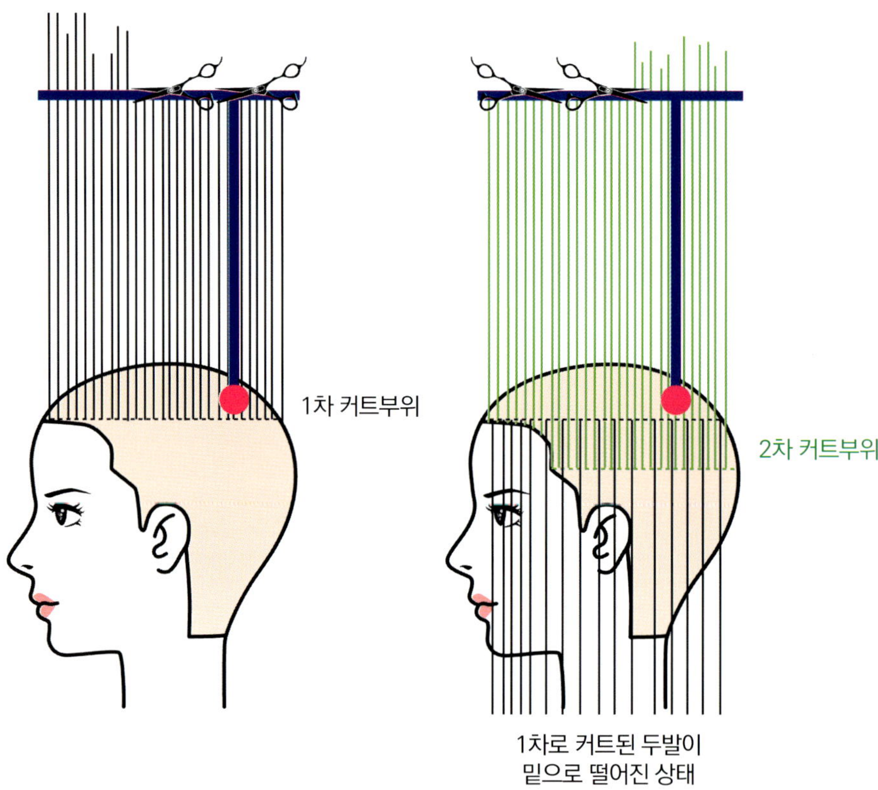

⑤ 커트될 두발의 스트랜드(Strand)가 두피로부터 수직(Vertical)으로 세워져서 방향 분배(Direction Distribution) 로 커트한다.

⑥ 위쪽에 두발을 커트하고 난 후 밑 부분에 커트할 두발을 빗으로 떠올리면 위쪽에서 먼저 커트된 두발은 밑으로 떨어진다.

⑦ 커트가 진행될 때에 두발이 들려지는 각도는 어느 위치에서도 수직(Vertical)인 상태로 커트된다.

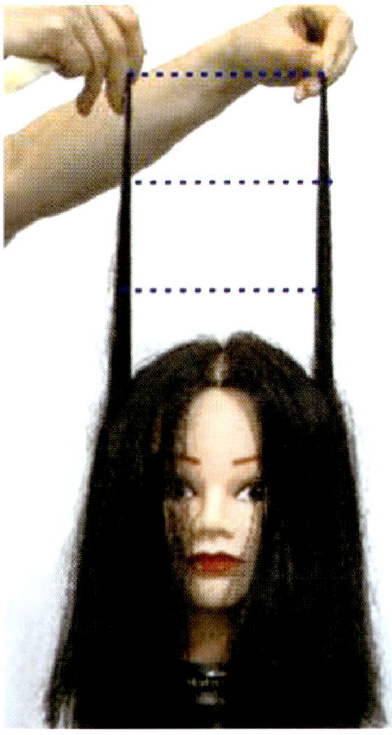

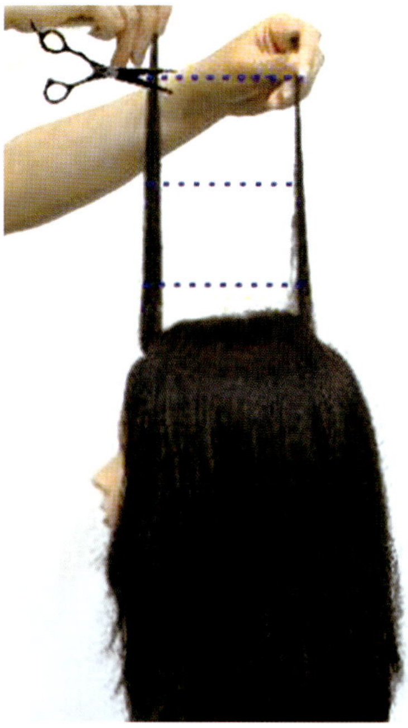

⑧ 베이스(Base)에 섹션 폭을 넓게 잡으면 손가락에 끼워 잡을 때 가운데로 모아져 중심부분에 두발이 짧게 커트된다.

9) 마무리 체크 커트(Check Cut)

① 수직으로 빗질해 올려 수평면에 대해 튀어나오는 두발을 체크 커트(Check Cut) 한다.

② 두상을 거꾸로 했을 때 바닥 면에 대해 모든 두발의 길이가 수평이 된다.

10) 완성된 디자인

Tip

층의 높이 조절

① 층의 높이 조절

롱 레이어(Long Layer) 스타일에 시술하는 테크닉 기법으로 두발이 중력에 의해 밑으로 떨어졌을 때 골든 포인트(G.P)에서 떨어진 두발 끝에서부터 네이프 라인(Nape Line)에 두발 끝 부분까지의 단차(층)의 높이를 원하는 만큼 조절해 커트할 수 있다.

② 커트기법

ⓐ 네이프 라인(Nape Line)에 두발길이를 결정한다.

ⓑ 골든 포인트(G.P)에 두발을 밑으로 자연스럽게 떨어뜨린 후 위쪽으로 올라가는 단차(층) 의 높이를 결정한다.

ⓒ 골든 포인트(G.P)에 커트한 두발을 수직으로 들어 올려 고정 가이드라인 (Stationary Guide Line)으로 정한다.

ⓓ 고정 가이드라인(Stationary Guide Line)을 수직으로 곧게 세워 커트할 두발을 떠올려 커트한다.

3. 인 크리스 레이어 커트(Increase Layer Cut)

1) 스타일(Style)의 개요

① 자연스럽고 가벼워 층이 많이 보이는 거친 느낌이 나는 스타일이다

② 익스테리어(Exterior) 쪽으로 갈수록 두발은 점점 더 길어지고 인테리어(Interior) 쪽으로는 짧아지는 스타일이다.

③ 두발이 쌓이지 않고 커트된 머리끝이 층층이 보인다.

④ 윗부분은 움직임이 적고 외곽선(Out Line)으로 향할수록 율동 폭이 커진다.

⑤ 모든 각도를 다 사용할 수 있다.

2) 외곽선의 도해도

3) 시술준비

파트(Part)	왼쪽 파트(Left Part)
블로킹(Blocking)	5등분
정중선 층높이	층의 연속
슬라이스(Slice) 폭	1~2㎝
시술각(Projection)	120°(일반시술각)
섹션(Section)	후대각(Convex)
베이스(Base)	오프 더 베이스 (Off The Base)
분배(Distribution)	직각분배 & 변이분배
이동 가이드라인(Mobile Guide Line)	네이프 라인(Nape Line)에서 25㎝

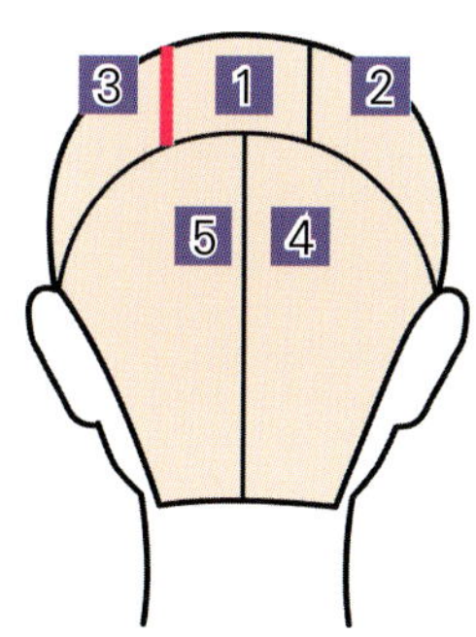

블로킹순서와 모양

4) 가이드라인(Guide Line) 커트기법

① N.P에 1㎝ N.S.P는 2㎝를 올려 후대각(Convex)섹션으로 슬라이스(Slice)한다.

② 가이드라인(Guide Line) 두발길이를 네이프 라인(Nape Line)에서 25㎝로 한다.

③ 가이드라인(Guide Line) 두발을 밑으로 떨어뜨려 0˚에서 N.P에 두발을 25㎝로 커트한다.

④ 두발을 120˚로 들어 정중선(Center Line) 부위에 2~3㎝의 폭을 일직선으로 커트한다.

⑤ 정중선(Center Line)에 일직선 평행으로 커트된 두발을 두상의 둥근 모양과 머리가 난 결의 방향대로 옆으로 빗질해 섹션과 같은 모양으로 커트한다.

⑥ N.S.P에 두발이 같은 길이로 커트되었는지 확인한다.

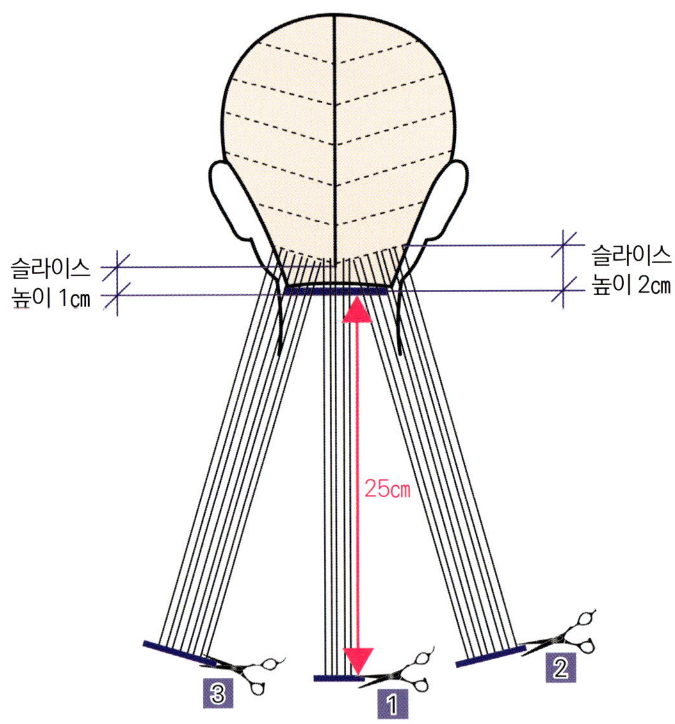

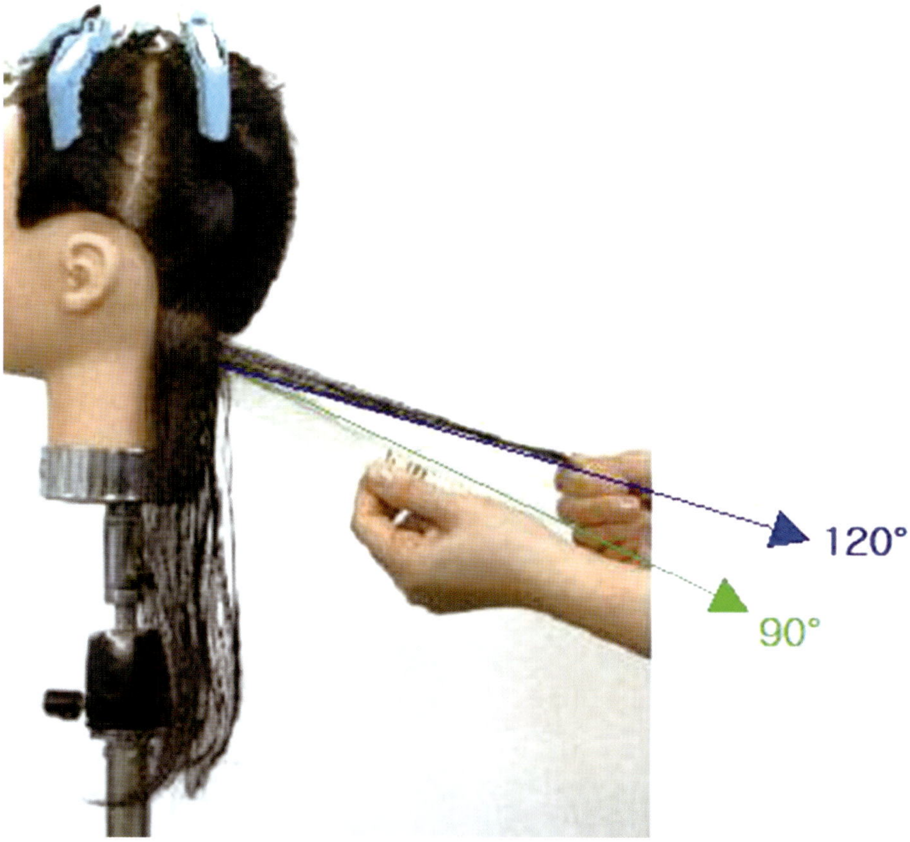

120° 각도로 들려진 가이드라인 두발

5) 두정부(Crown) 커트기법

① 두 번째 섹션을 첫 번째 가이드라인(Guide Line) 섹션과 평행으로 슬라이스(Slice) 한다.

② 두 번째 섹션에 커트될 스트랜드(Strand) 밑 부분이 두피에 대해 120°각도로 들려지게 잡는다.

③ 바로 전에 커트한 가이드라인(Guide Line) 길이에 맞춰서 커트한다.

④ 커트할 섹션과 가이드라인(Guide Line)섹션을 같이 잡고 가이드라인(Guide Line) 밑 부분의 두발이 120° 각도로 들려지지 않도록 주의한다.

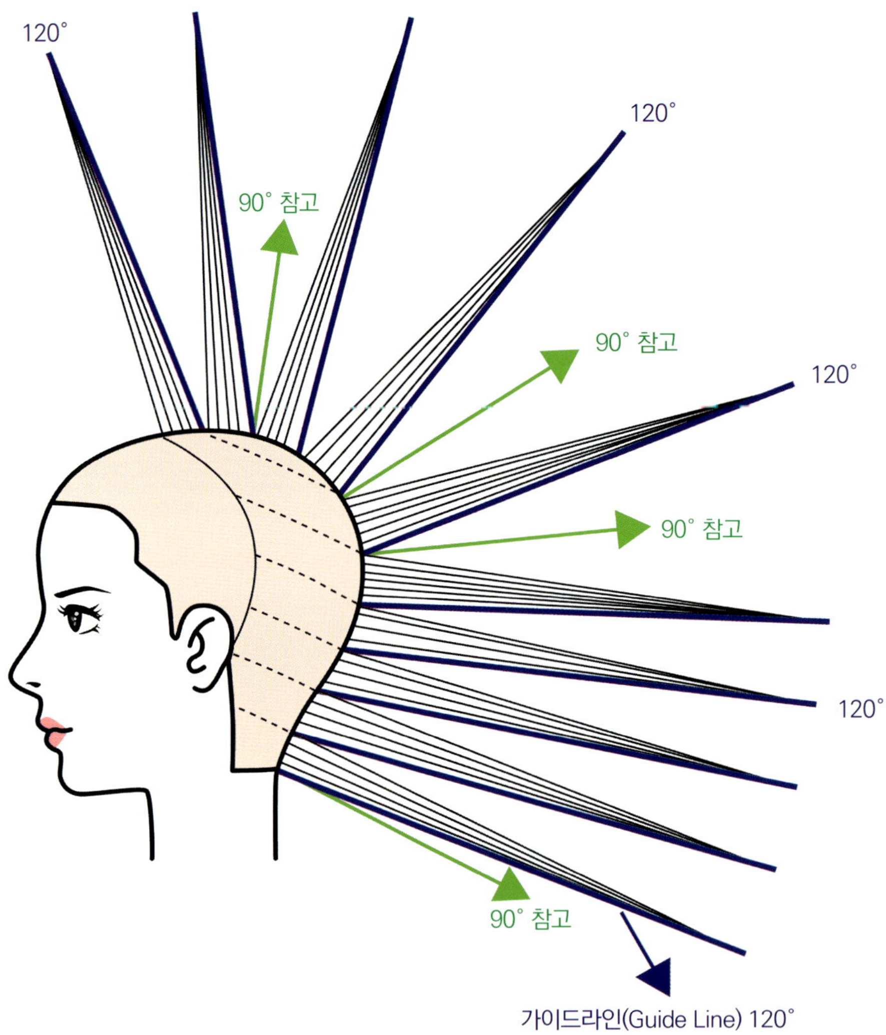

⑤ 세 번째 섹션 두발을 커트할 때에는 두 번째 섹션이 가이드라인(Guide Line)이 된다.

⑥ 세 개 정도 섹션이 완성되면 수직섹션(Vertical Section)으로 두발을 120˚각도로 들어 연결 상태를 확인한다.

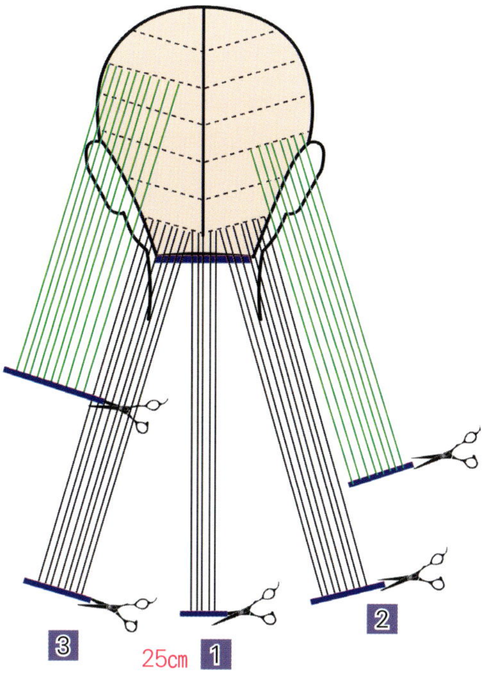

⑦ 네 번째, 다섯 번째, 여섯 번째 섹션을 세 번째 섹션과 같은 방법으로 커트한다.

⑧ 두정부(Crown) 마지막 섹션은 레이디얼 섹션(Radial Section—방사형)으로 커트한다.

⑨ T.P에 두발 한 가닥을 여섯 번째 섹션의 두발길이보다 짧게 표시해 커트한다.

⑩ T.P에 커트해 둔 두발을 양옆으로 6~7㎝의 두발을 가로섹션 120˚각도로 들어 일직선으로 커트한다.

⑪ 여섯 번째 섹션을 가이드라인(Guide Line)으로 잡고 T.P에 수평섹션으로 커트한 두발 위쪽을 향해 수직 섹션(Vertical Section)으로 커트해 올라간다.

⑫ 두상의 왼쪽에 서서 두피로부터 120˚각도로 들려진 두발이 T.P쪽으로 차츰 차츰 올라가면서 두발이 약간씩 짧아지고 있는지 확인하며 커트한다.

⑬ 레이디얼 섹션(Radial Section—방사형)으로 커트한 두발이 완성되면 수평섹션(Horizontal Section)으로 크로스 체크(Cross Check)한다.

두정부(Crown) 두발이 들려지는 각도 120˚

6) 오른쪽 옆머리(Right Side) 커트기법

① 후대각(Convex)섹션으로 가이드라인(Guide Line)을 내린다.

② 가이드라인(Guide Line) 섹션을 120˚각도로 두발을 든다.

③ 가이드라인(Guide Line) 베이스(Base)와 왼쪽 두정부(Crown)쪽에 베이스를 후대각(Convex) 섹션으로 연결해 슬라이스(Slice)한다.

④ 두발을 120˚로 빗어 올린 후 두정부(Crown)에 커트된 두발길이와 연결해 섹션의 모양과 평행되도록 커트한다.

⑤ 두 번째 섹션의 밑 부분의 두발이 120˚들려지게 한 후 첫 번째 가이드라인(Guide Line) 길이에 맞춰서 시술한다.

⑥ 세 번째 섹션은 네 번째 섹션을 두 번째 섹션과 같은 방법으로 커트한다.

⑦ 수직섹션(Vertical Section)으로 크로스 체크(Cross Check)한다.

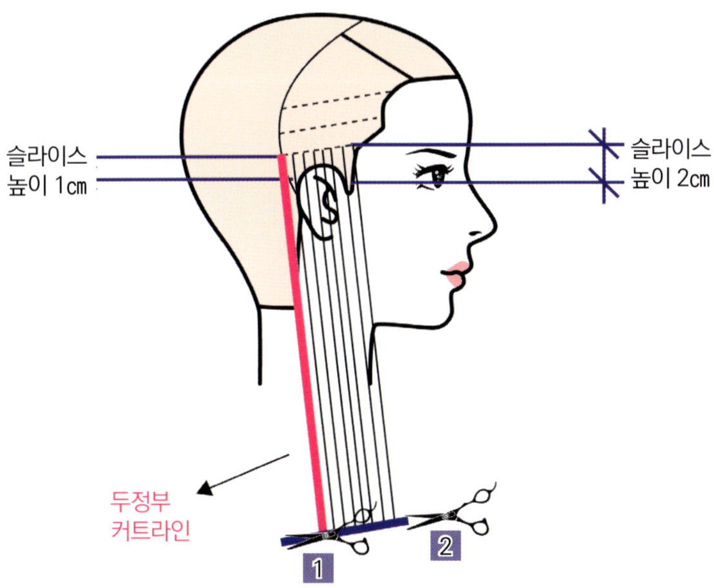

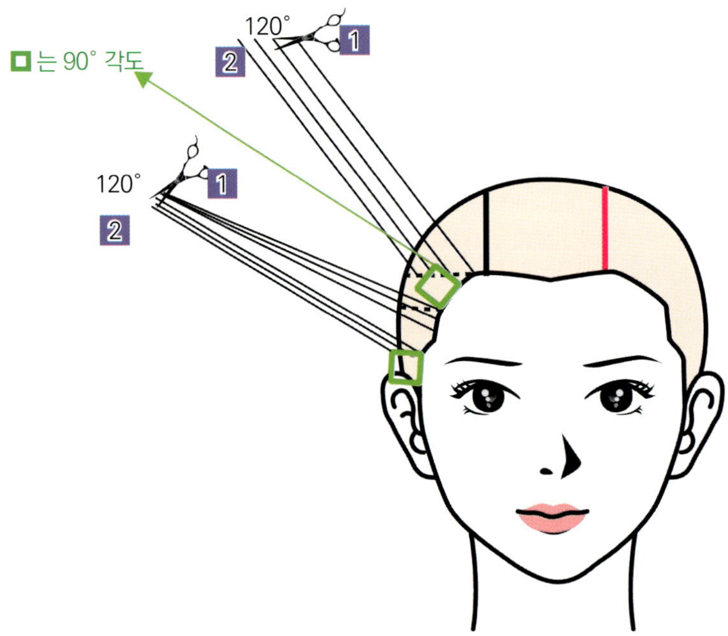

오른쪽 옆머리 각도

7) 왼쪽 옆머리(Left Side) 커트기법

① 후대각(Convex)섹션으로 가이드라인(Guide Line)을 내린다.

② 오른쪽에서 커트된 S.C.P에 두발길이를 체크해 왼쪽 S.C.P에 표시해 커트한다.

③ 가이드라인(Guide Line) 섹션의 두발을 120° 각도로 든다.

④ S.C.P에 표시해 커트해 둔 두발길이와 두정부(Crown)에서 커트된 두발길이를 후대각(Convex)섹션으로 잡아 평행으로 커트한다.

⑤ 두 번째 섹션을 섹션의 밑 부분이 120° 들려지게 한 후 첫 번째 가이드라인(Guide Line) 섹션의 길이와 연결해 커트한다.

⑥ 세 번째 섹션은 두 번째 섹션과 동일한 방법으로 커트한다.

⑦ 수직섹션(Vertical Section)으로 크로스 체크(Cross Check)한다.

⑧ 양 사이드(Side)에 두발길이가 같은지 확인한다.

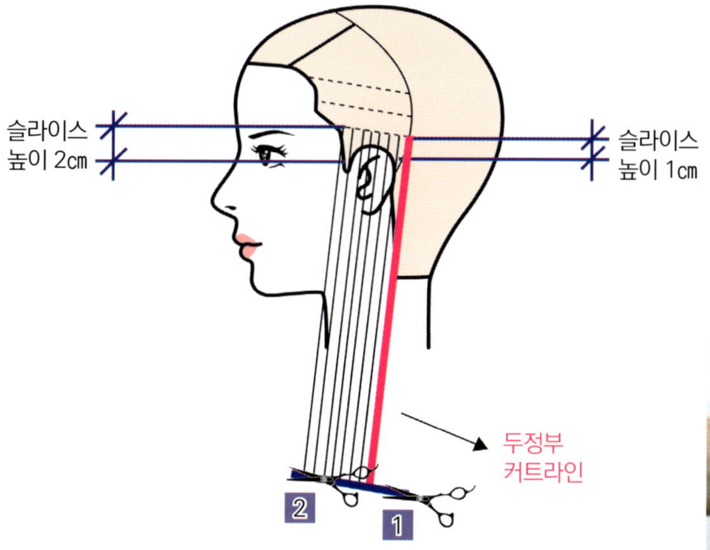

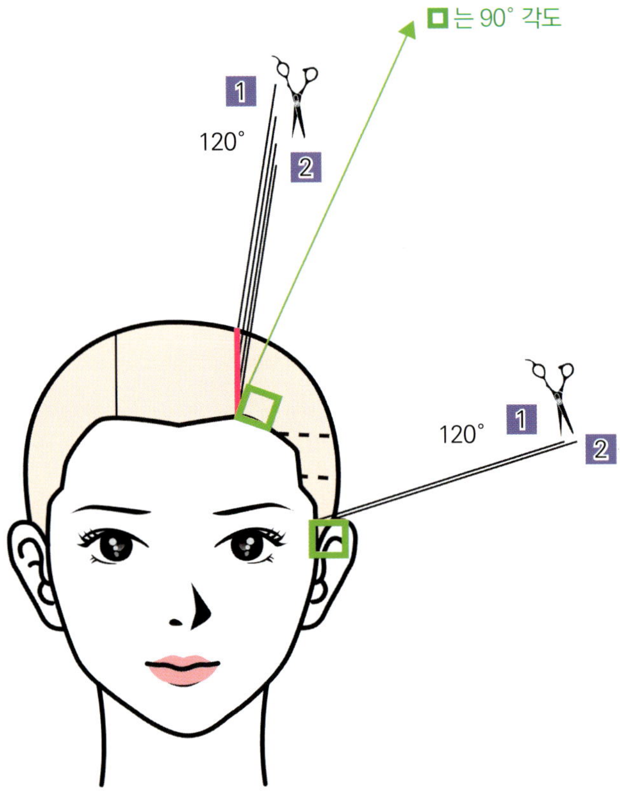

왼쪽 옆머리 각도

8) 전두부(Top) — 앞머리 커트기법

① 세 개 섹션으로 나누어 오른쪽에서 시술한다.

② 첫 번째 섹션을 왼쪽 사이드(Side)에서 커트된 네 번째 섹션의 두발을 가이드라인(Guide Line)으로 잡고 120˚로 커트한다.

③ 두 번째 섹션을 커트한다.

④ 세 번째 섹션을 커트한다.

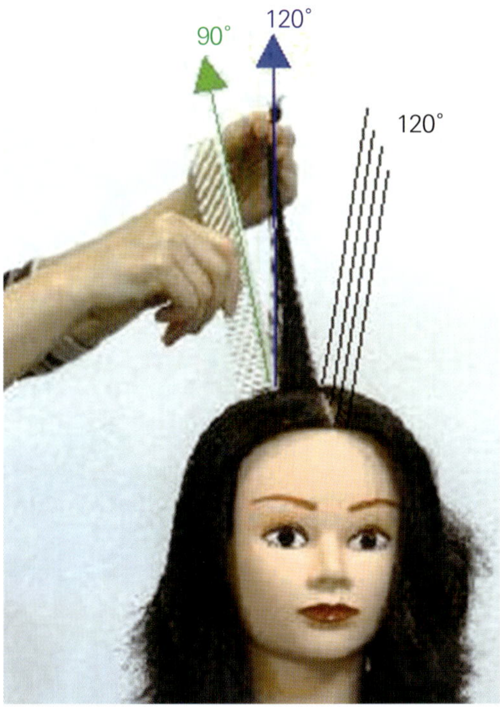

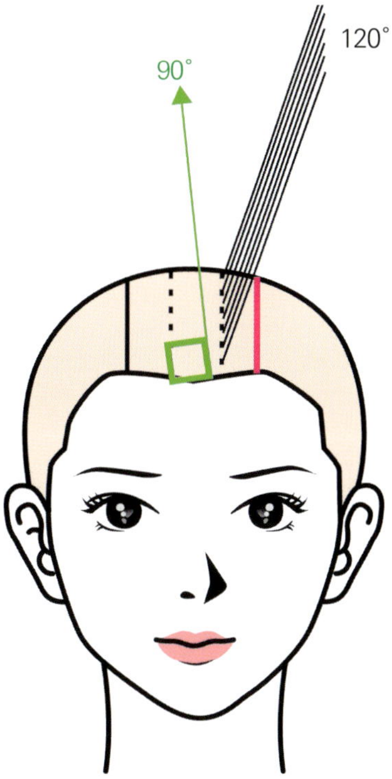

앞머리 각도

9) 마무리 체크 커트(Check Cut)

① 왼쪽 가르마를 기준으로 양 사이드에 두발길이의 연결 상태를 확인한다.

② 커트한 두발을 크로스 체크(Cross Check)한다.

③ 아웃 라인(Out Line)에 연결을 확인한다.

10) 완성된 디자인

4. 인 레이어 커트(In Layer Cut)

[한국기술자격검정원 미용사(일반) 실기시험 규격]

1) 스타일(Style)의 개요

① 밑 부분의 두발은 짧고 위로 갈수록 미세하게 조금씩 길어져서 층과 층이 연결되는 스타일이다.

② 오프 더 베이스(Off The Base)로 커트한다.

③ 이동 가이드라인(Guide Line)으로 커트한다.

2) 외곽선의 도해도

3) 시술준비

파트(Part)	노 파트(No Part)
블로킹(Blocking)	5등분
정중선 층높이	층의 연속
슬라이스(Slice) 폭	1~2㎝
시술각(Projection)	90°(일반시술각)
섹션(Section)	후대각(Convex)
베이스(Base)	오프 더 베이스 (Off The Base)
분배(Distribution)	직각분배
이동 가이드라인(Mobile Guide Line)	네이프 라인(Nape Line)에서 10㎝

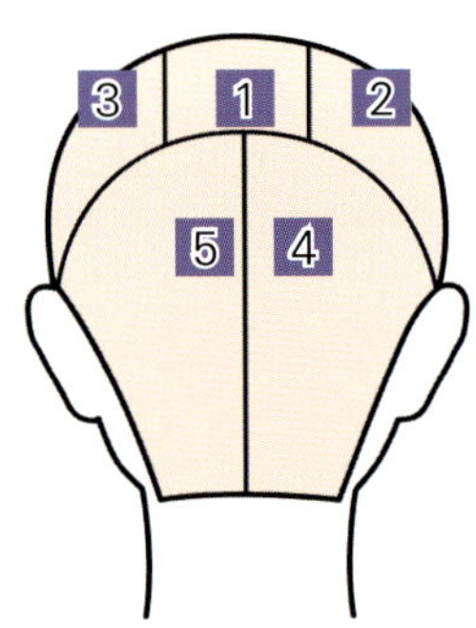

블로킹순서와 모양

4) 가이드라인(Guide Line) 커트기법

① N.P에 1㎝, N.S.P는 2㎝로 후대각(Convex) 섹션으로 슬라이스(Slice)한다.

② 가이드라인(Guide Line) 두발길이는 네이프 라인(Nape Line)에서 10㎝로 한다.

③ N.P에 두발 한 가닥을 자연시술각 0°에서 10㎝ 로 커트한다.

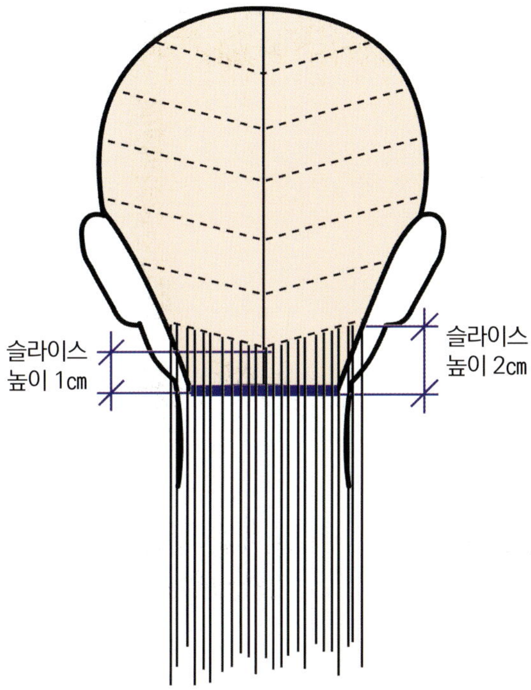

섹션의 모양과 높이

④ 정중선(Center Line)부위에 2~3㎝의 폭을 일직선으로 커트한다.

⑤ 정중선(Center Line)에서 좌우로 이동하며 두상의 둥근 모양과 두발이 난 결의 방향대로 빗질해 섹션모양과 평행으로 커트한다.

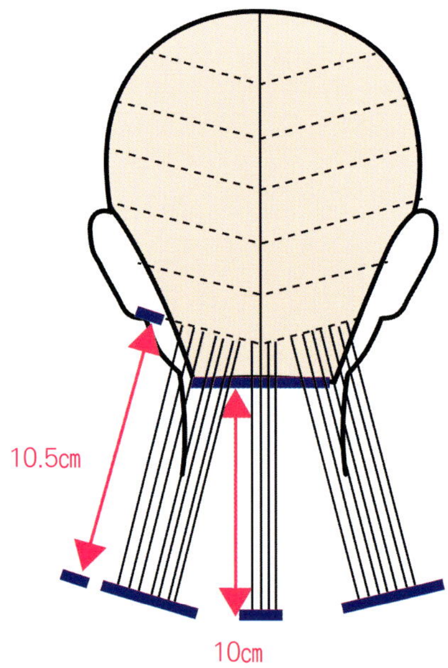

두발을 빗기는 방향과 커트라인

⑥ 오른쪽과 왼쪽을 커트한 후 가이드라인(Guide Line) 섹션을 0°로 떨어뜨려 N.P 두발보다 N.S.P의 두발이 1㎝ 올라간 U자 모양을 확인한다.

5) 두정부(Crown) 커트기법

① 두 번째 섹션을 첫 번째 가이드라인(Guide Line) 섹션모양과 평행되도록 두께 2㎝정도 올라간 후대각(Convex)으로 슬라이스(Slice)한다.

② 두 번째 섹션 밑 부분이 두피에 대해 90°각도로 들려지도록 두발을 빗질하고 바로 전에 커트한 가이드라인(Guide Line) 섹션과 함께 잡는다.

③ 섹션 밑으로 보이는 커트된 라인에 맞춰서 두 번째 섹션의 두발을 커트한다.

④ 커트할 섹션과 가이드라인(Guide Line) 섹션을 같이 잡은 후 빗으로 빗겨 올릴 때 가이드라인 섹션 밑 부분의 두발이 90°각도로 들려지지 않도록 유의한다.

⑤ 세 번째 섹션을 커트할 때에는 두 번째 섹션이 이동 가이드라인(Mobile Guide Line)이다.

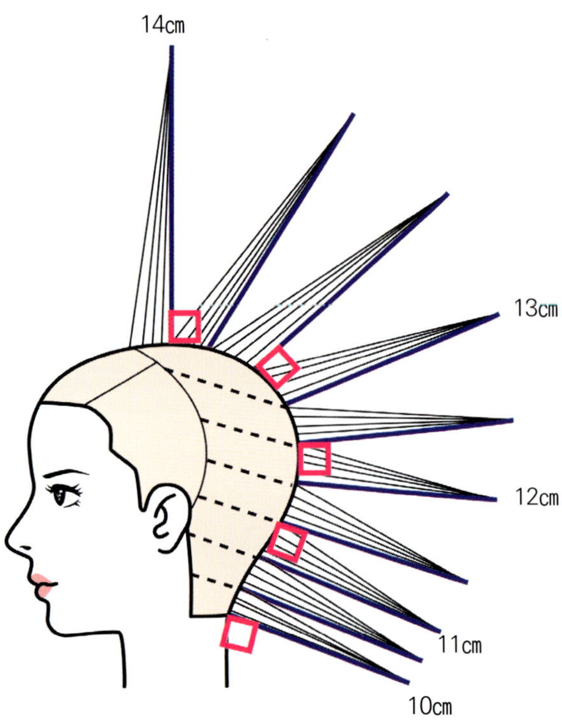

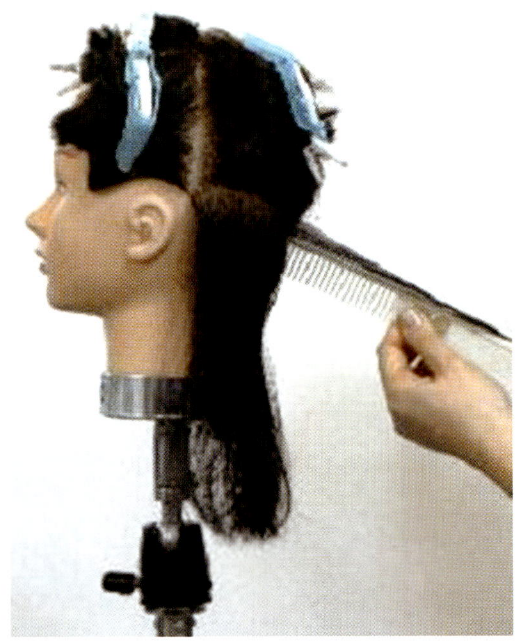

위 그림은 10㎝로 시작해서 오프 더 베이스(Off The Base)를 적용했을 때에 두발이 길어지는 근사치이다. 슬라이스 폭에 따라 달라질 수 있다.

⑥ 세 개 섹션이 완성되면 수직섹션(Vertical Section)으로 두발을 90° 각도로 들어 크로스 체크(Cross Check)한다.

⑦ 네 번째부터 여섯 번째 섹션을 세 번째 섹션과 같은 방법으로 커트한다.

⑧ 양 사이드(Side)의 두발길이를 확인하며 커트한다.

⑨ 마지막 일곱 번째 섹션은 레이디얼 섹션(Radial Section—방사형)으로 커트한다.

⑩ 여섯 번째 섹션의 두발길이보다 1㎝정도 길어지게 커트한다.

⑪ T.P에 두발 가닥을 90˚각도로 들어 14㎝로 커트한다.

⑫ T.P에 14㎝로 커트한 두발을 중심으로 6~7㎝ 폭의 두발을 가로섹션(Horizontal Section)으로 잡고 90˚각도로 일직선 커트한다.

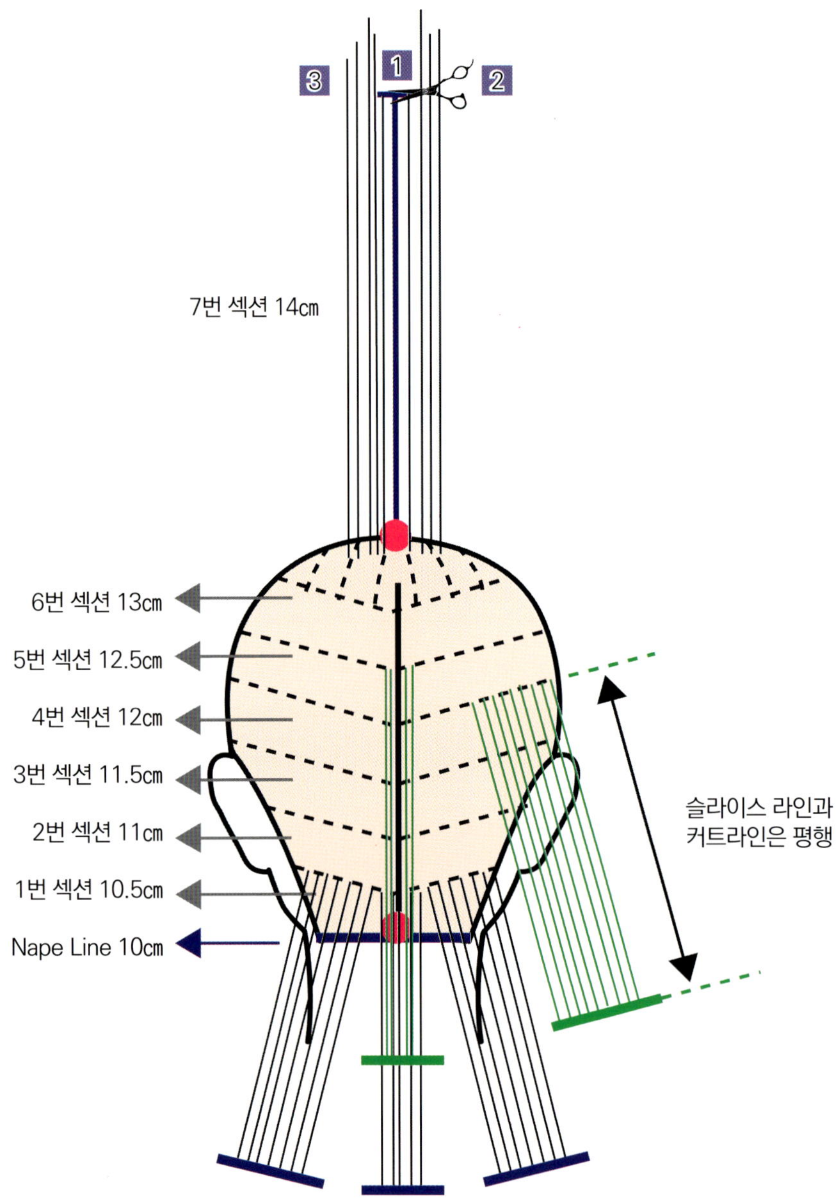

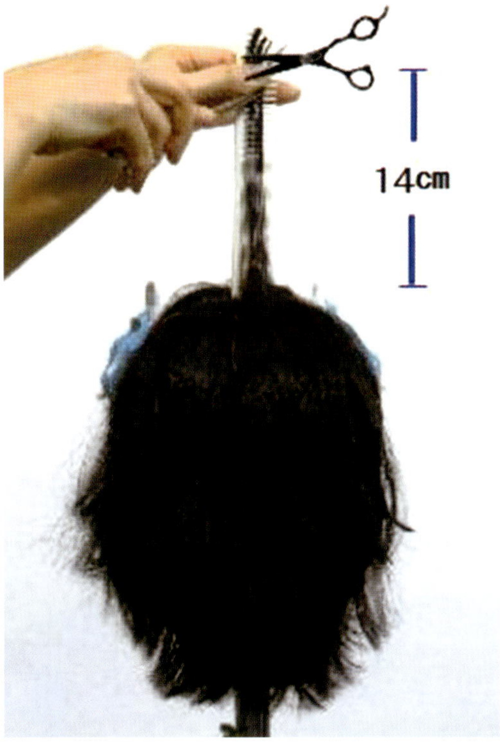

⑬ 여섯 번째 섹션을 가이드라인(Guide Line)으로 잡고 T.P에 14cm 수평섹션(Horizontal Section)으로 커트한 두발 위쪽을 향해 레이디얼 섹션(Radial Section—방사형)으로 커트하며 올라간다.

⑭ 두상의 왼쪽에 서서 두피로부터 90°각도로 들려진 두발이 T.P쪽으로 차츰 차츰 올라가면서 길어지고 있는지 확인하며 커트한다.

⑮ 커트할 두발과 바로 전에 커트한 가이드라인(Guide Line)을 같이 잡고 커트한 후 가이드라인(Guide Line)으로 잡았던 두발을 빗살에 끼워 밑으로 떨어뜨린다.

⑯ 다시 커트할 두발을 섹션의 베이스가 90°각도로 들려지도록 빗질한 후 바로 전에 커트한 두발의 섹션을 가이드라인(Guide Line)으로 잡고 연결해 커트한다.

⑰ 레이디얼 섹션(Radial Section—방사형)으로 커트한 두발이 완성되면 수평섹션(Horizontal Section)으로 크로스 체크(Cross Check)한다.

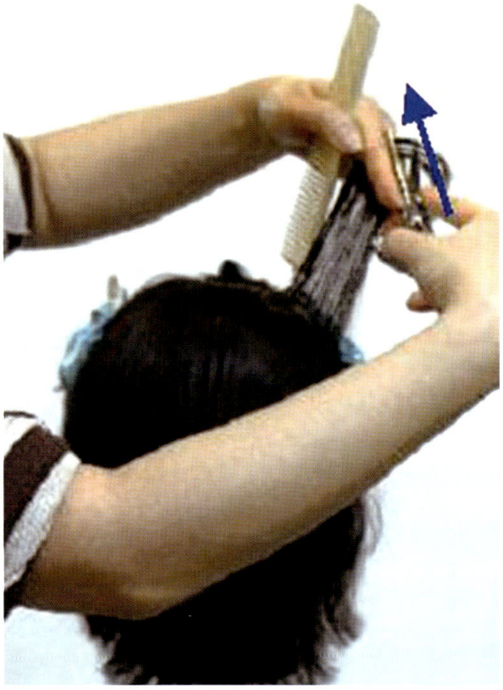

6) 오른쪽 측두부(Right Side) 커트기법

① 후대각(Convex)섹션의 경사도가 원만하게 슬라이스(Slice)한다.

② S.C.P에 두발을 자연시술각 0°에서 12cm를 커트해 표시해 둔다.

③ 두정부(Crown)에 커트된 두발길이와 S.C.P에 표시해 둔 두발길이를 평행으로 커트한다.

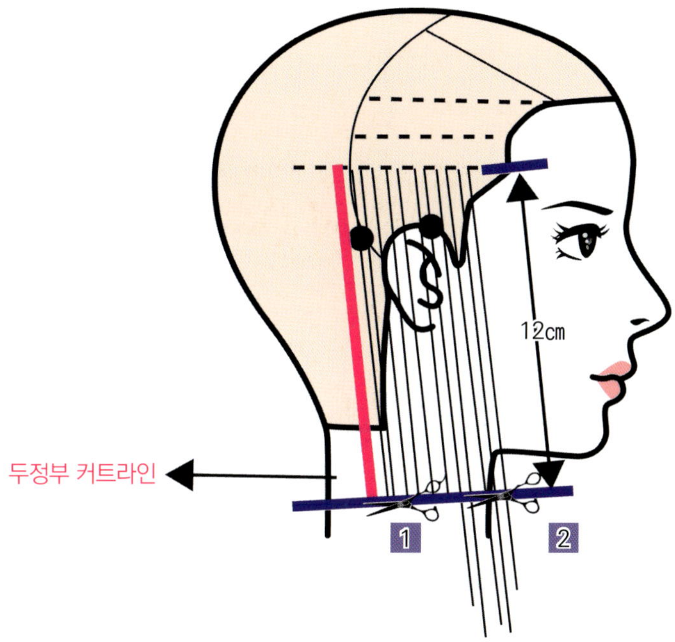

④ 섹션의 밑면이 90˚(두피에 대해 직각)로 들려지도록 오프 더 베이스(Off The Base)로 커트한다.

⑤ 가로섹션 (Horizontal Section)으로 커트하고 수직섹션(Vertical Section)으로 크로스 체크(Cross Check)한다.

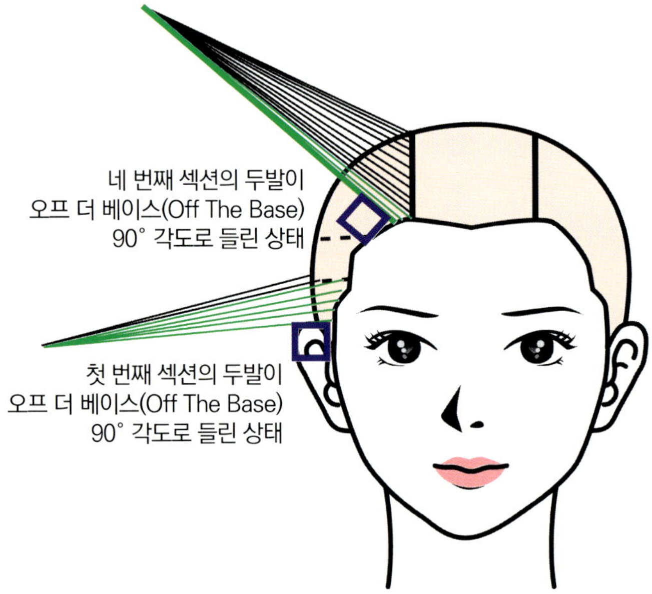

첫 번째 섹션

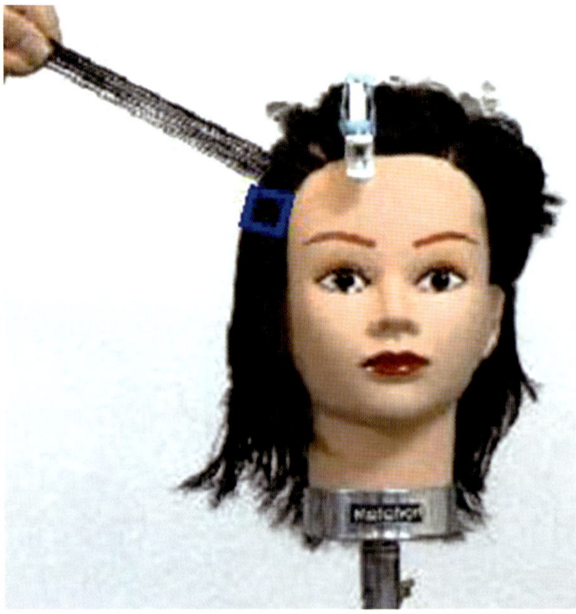
세 번째 섹션

7) 왼쪽 측두부(Left Side) 커트기법

① 후대각(Convex)섹션의 경사도가 원만하게 슬라이스(Slice)한다.

② 오른쪽에 S.C.P의 두발의 길이를 왼쪽 같은 부위에 표시한다.

③ 오른쪽 옆 두정부(Crown)에 커트된 두발과 S.C.P에 표시해 둔 두발길이를 평행으로 커트한다.

④ 양 사이드(Side)에 두발길이를 확인한다.

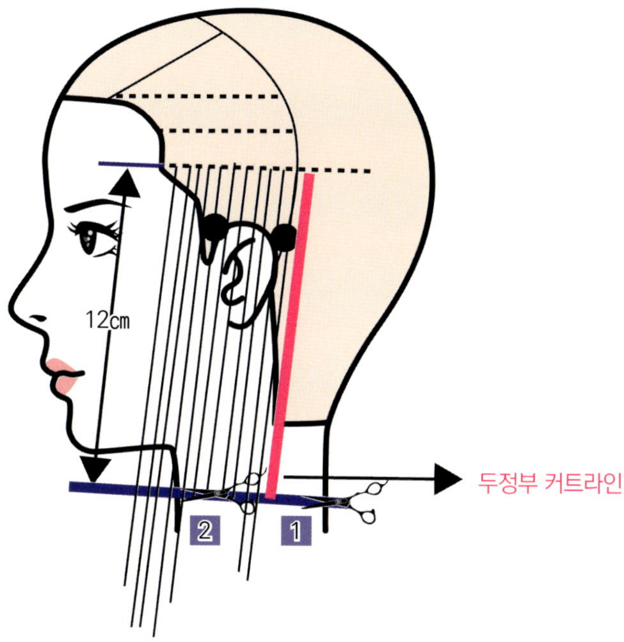

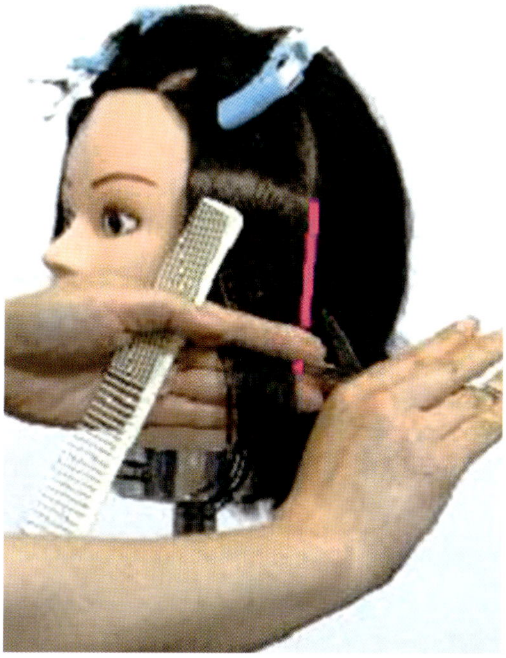

⑤ 섹션의 밑면이 90°(두피에 대해 직각)로 들려지도록 오프 더 베이스(Off The Base)로 커트한다.

⑥ 가로섹션 (Horizontal Section)으로 커트하고 수직섹션(Vertical Section)으로 크로스 체크(Cross Check)한다.

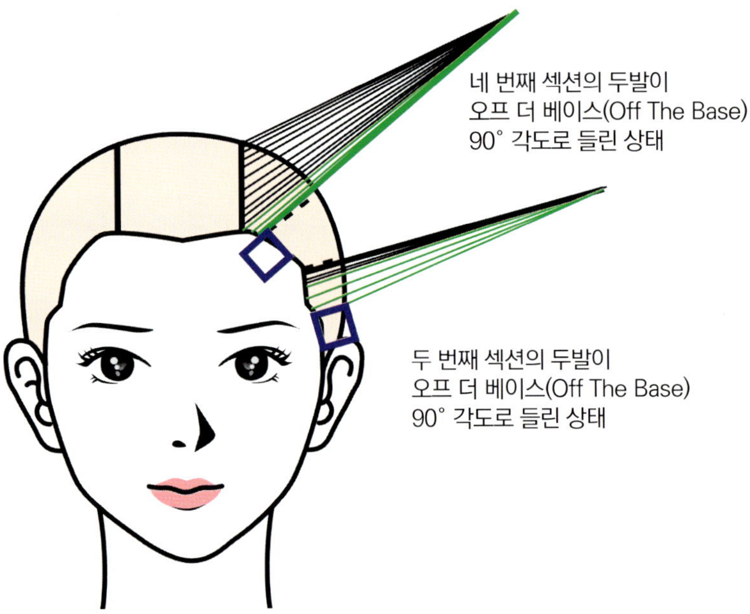

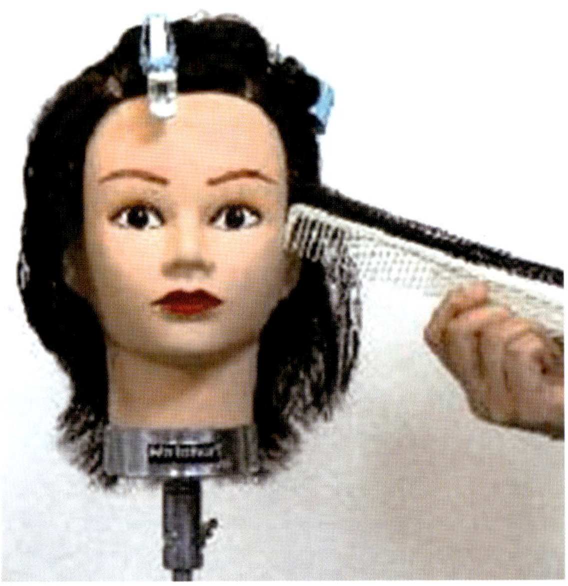

첫 번째 섹션

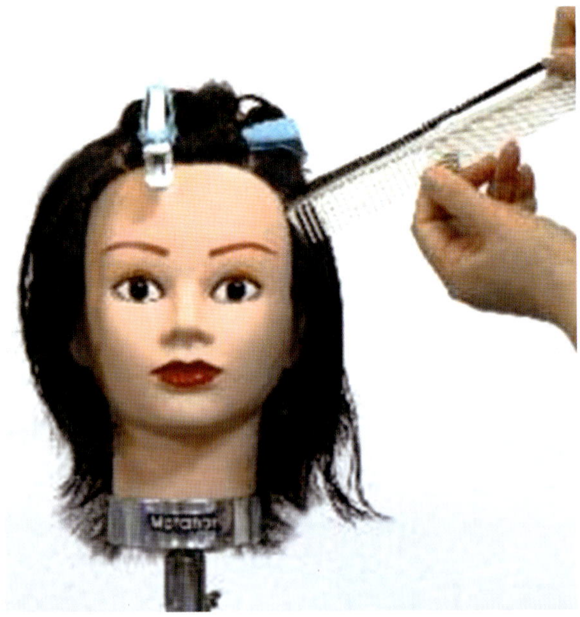

세 번째 섹션

8) 전두부(Top) 커트기법

① 뒤쪽에서 커트한다.

② 네 개 섹션으로 나누어 커트한다.

③ 오른쪽 측두부(Side)에 커트된 두발과 전두부(Top)에 커트할 두발을 연결해 1㎝ 정도를 커트한다.

④ 왼쪽 측두부(Side)에 커트된 두발과 전두부(Top)에 커트할 두발을 연결해 1㎝ 정도를 커트한다.

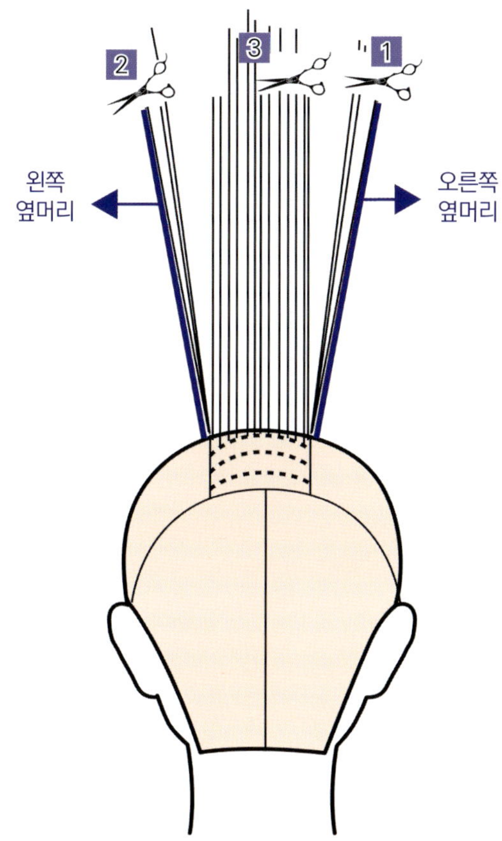

후면

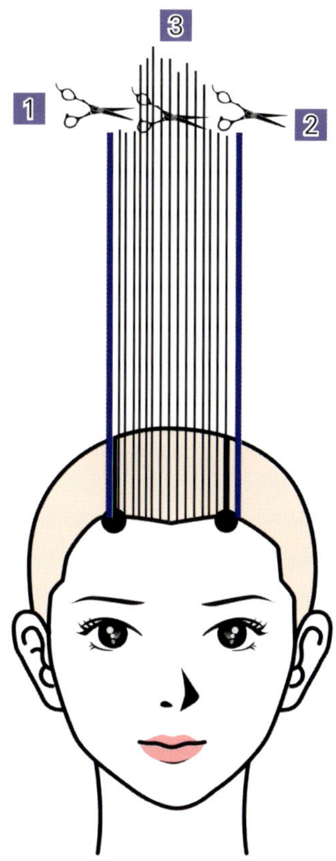

전면

⑤ 양쪽으로 1㎝씩 커트된 두발길이에 맞춰서 일직선으로 커트한다.

⑥ 첫 번째 섹션을 가이드라인(Guide Line)으로 잡고 두 번째 섹션의 뒤쪽이 90°각도로 들어 커트한다.

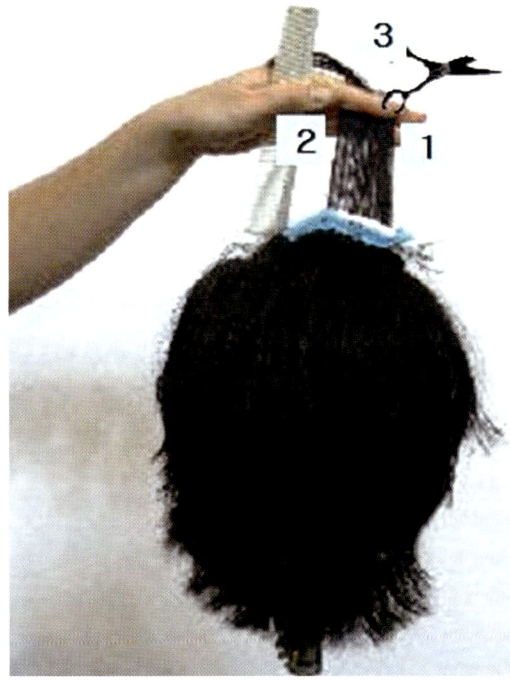

⑦ 세 번째 섹션을 두 번째 섹션과 같은 방법으로 커트한다.

⑧ 마지막 섹션은 두정부(Crown) 탑 포인트(T.P) 부위에 두발길이와 연결되도록 수직섹션(Vertical Section)으로 잡고 커트한다.

⑨ 커트한 전두부(Top) 두발을 크로스 체크(Cross Check)한다.

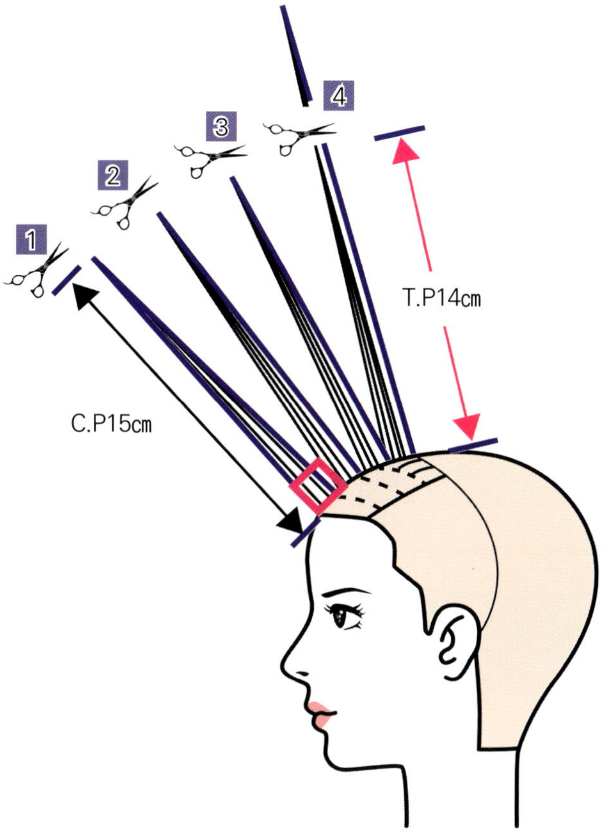

앞머리 섹션의 진행순서

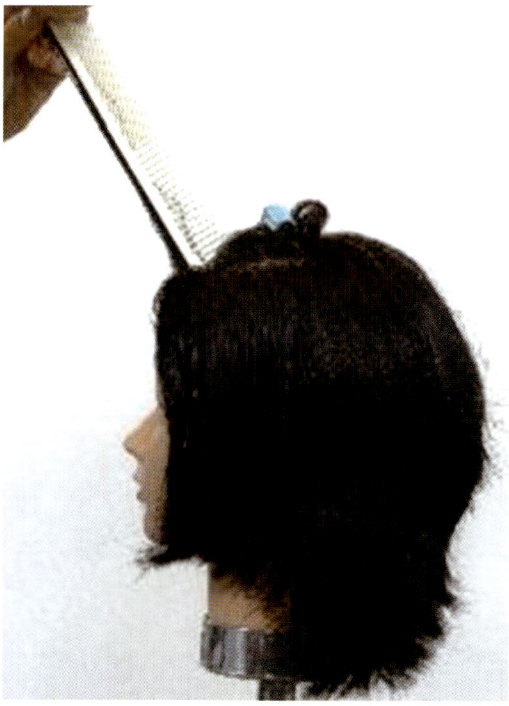

9) 마무리 체크 커트(Check Cut)

① 가르마 없이 두발을 뒤로 넘겨 빗질한다.

② 커트한 두발을 크로스 체크(Cross Check)한다.

③ 아웃 라인(Out Line)에 연결을 확인한다.

10) 완성된 디자인

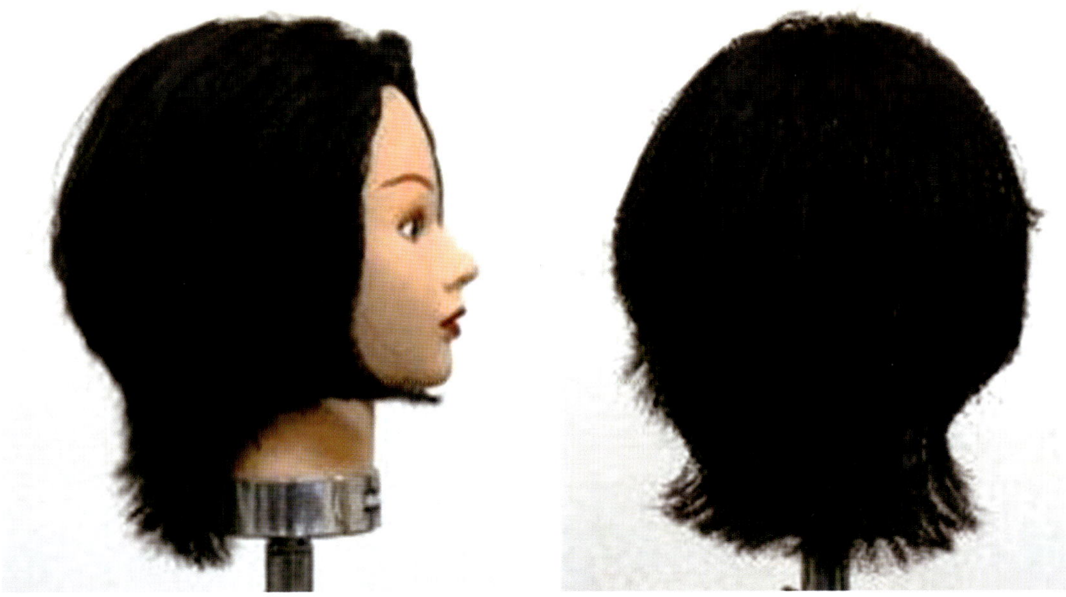

5. 유니폼 레이어 커트(Uniform Layer Cut)

1) 스타일(Style)의 개요

① 두상으로부터 모든 두발의 길이가 동일하게 커트된 디자인이다.
② 무게선이 나타나지 않고 커트한 머릿결의 층이 보인다.
③ 두피로부터 90°각도로 온 더 베이스(On The Base)로 커트한다.
④ 섹션을 잡은 중심부분의 두발이 두피로부터 90°각도가 되도록 한다.
⑤ 스크랩(Scrape)상태를 최소화시켜야 하므로 슬라이스(Slice)를 얇게 가른다.
⑥ 이동 가이드라인(Mobile Guide Line)으로 커트한다.

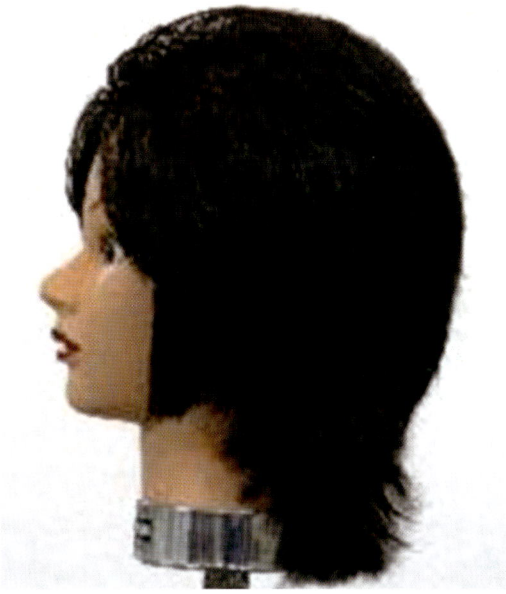

2) 외곽선의 도해도

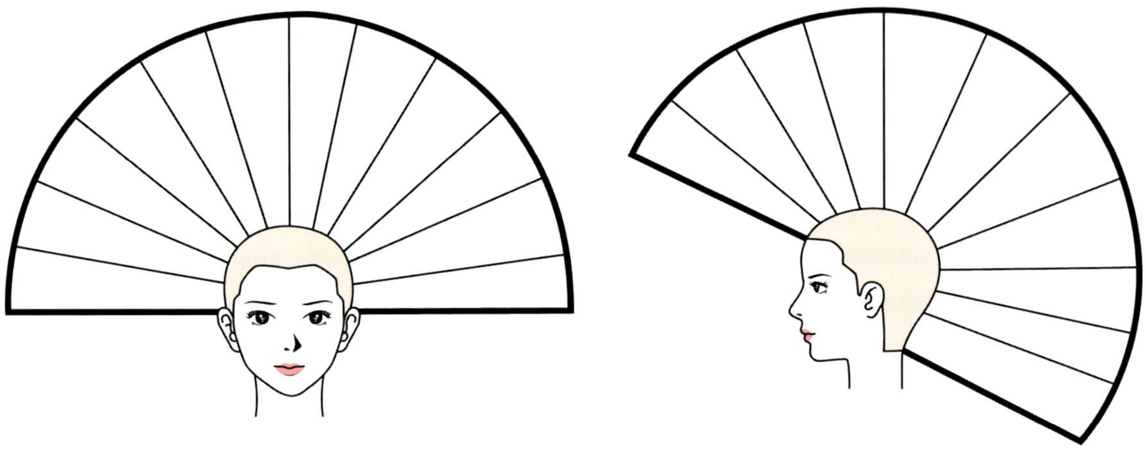

3) 시술준비

파트(Part)	노 파트(No Part)
블로킹(Blocking)	노 블로킹(No Blocking)
전중선 층높이	층의 연속
슬라이스(Slice) 폭	1~2㎝
시술각(Projection)	90°(일반시술각)
섹션(Section)	수직과 수평섹션 병행
베이스(Base)	온 더 베이스(On The Base)
분배(Distribution)	직각분배
이동 가이드라인(Mobile Guide Line)	네이프 라인(Nape Line)에서 10㎝

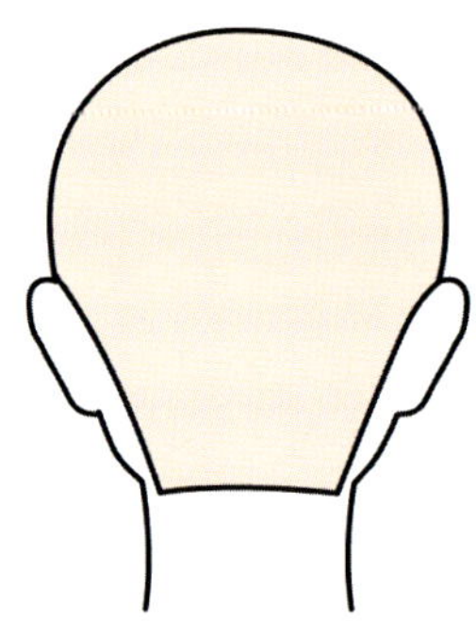

노 블로킹

4) 페이스 라인(Face Line) 커트기법

① 센터 포인트(C.P) 두발을 90˚(일반시술각)로 들어 10㎝로 커트한다.

② 양 사이드(Side)에 사이드 코너 포인트(S.C.P) 두발을 90˚(일반시술각)로 들어 10㎝로 커트한다.

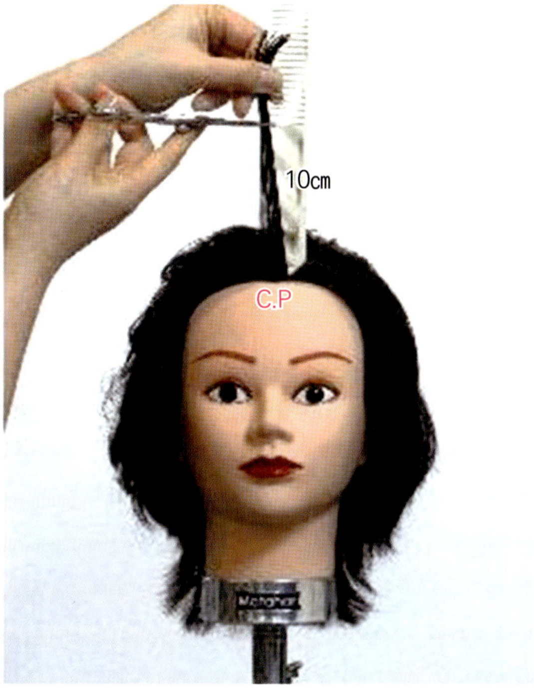

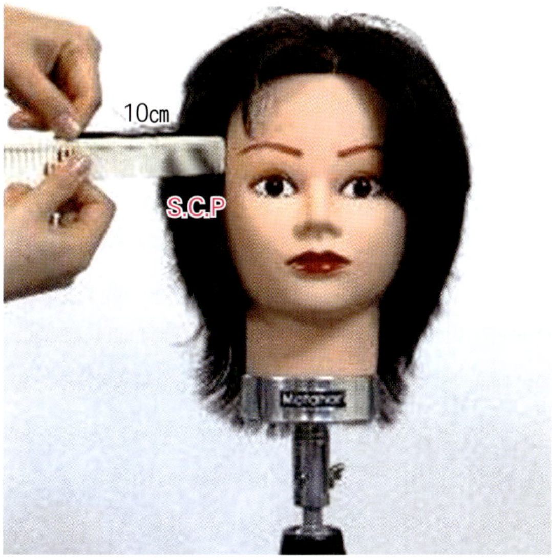

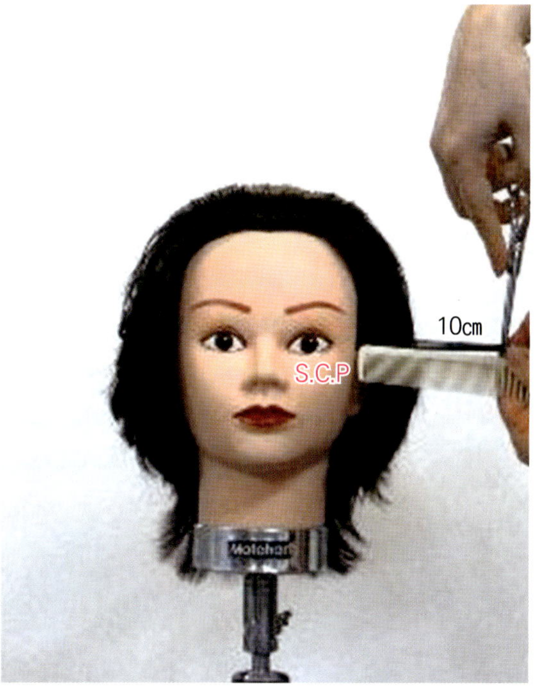

③ 수직섹션(Vertical Section)으로 슬라이스(Slice)한다.

④ 온 더 베이스(On The Base)로 잡고 10㎝로 표시한 부위에 두발을 연결한다.

⑤ C.P부터 오른쪽 F.S.P와 S.C.P에 두발을 10㎝로 커트한다.

⑥ 왼쪽 페이스 라인(Face Line)에 두발을 오른쪽과 같은 방법으로 커트한다.

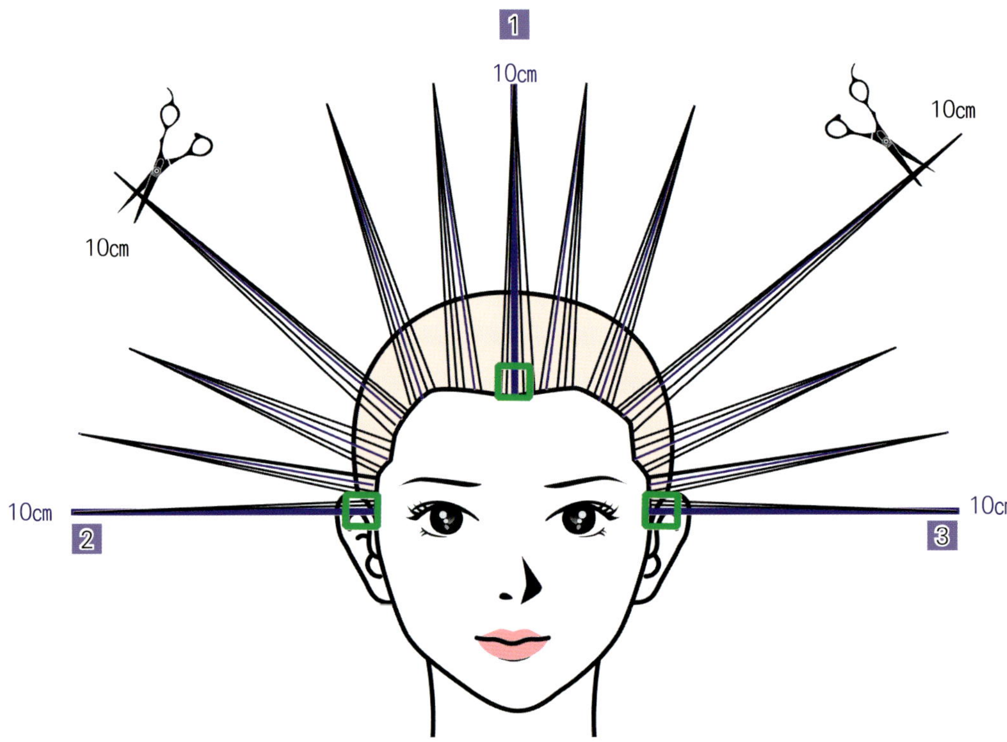

⑦ 두발을 잡는 스크랩(Scrape)이 커질수록 스트랜드(Strand) 양사이드(Side)의 두발은 길어진다.

⑧ 양사이드(Side)의 길어진 두발을 크로스 체크(Cross Check) 커트한다.

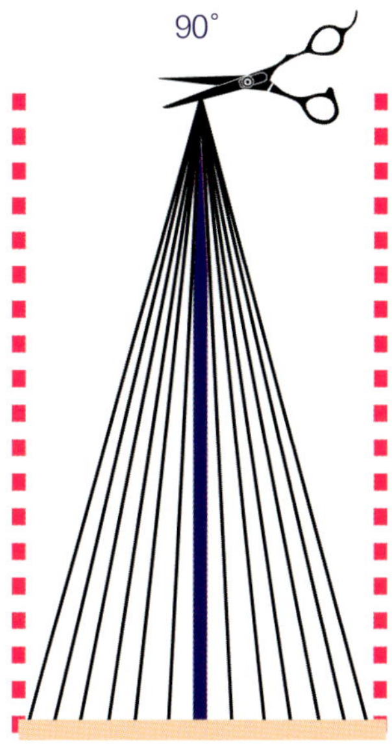

두발 스크랩(Scrape)상태

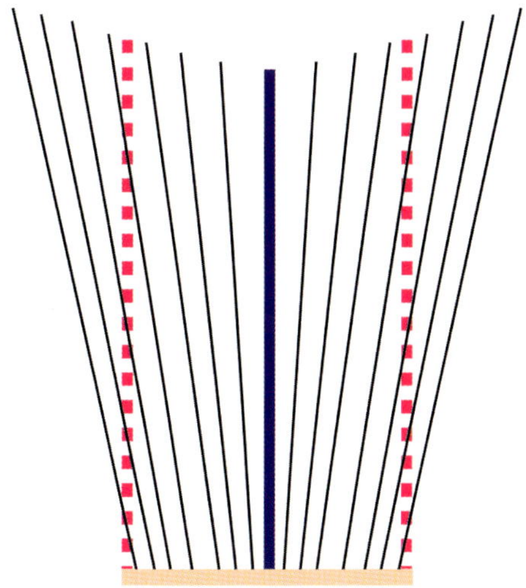

두발이 펼쳐진 상태

5) 정중선(Center Line) 커트기법

① 정중선(Center Line)에 센터 포인트(C.P)에서 탑 포인트(T.P) 골든 포인트(G.P) 백포인트(B.P) 네이트 포인트(N.P) 부위마다 10㎝로 커트한다.

② 각 부위별로 10㎝로 커트해 둔 두발을 수직섹션(Vertical Section)으로 연결해 커트한다.

③ 전체 두발을 커트할 때 가이드라인(Guide Line)으로 활용한다.

④ 각각의 섹션마다 온 더 베이스(On The Base)로 잡고 커트한다.

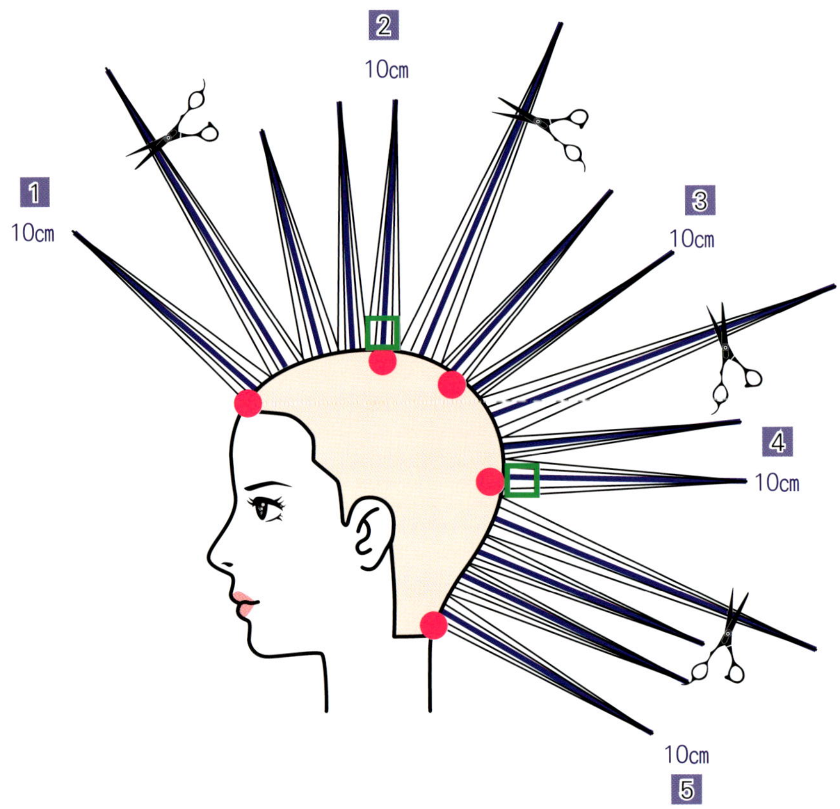

⑤ 중심부분에 두발길이가 커트되는 기준(10㎝)이 되게 한다.

⑥ 두발이 모아지는 스크랩(Scrape)상태를 최소화해 커트한다.

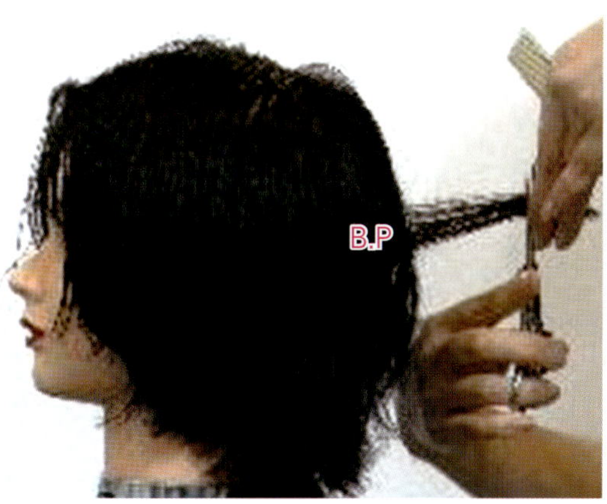

6) 인터널 쉐이프(Internal Shape) 커트기법

① 정중선(Center Line)에 10㎝로 커트한 두발을 기준으로 양사이드(Side)로 수평섹션(Horizontal Section)으로 커트한다.

② 페이스 라인(Face Line)에 10㎝로 커트한 두발을 기준으로 오른쪽부터 정중선(Center Line)방향으로 진행한다.

③ 각각의 섹션을 온 더 베이스(On The Base)로 커트한다.

④ 수직섹션(Vertical Section) 커트를 두세 번 반복한 후 정중선(Center Line)과 페이스 라인(Face Line)에 10㎝로 표시해 둔 가이드라인(Guide Line) 두발을 가로 섹션으로 잡고 크로스 체크(Cross Check) 커트한다.

섹션마다 온 더 베이스(On The Base)로 들려진 두발

⑤ 중심부분에 두발길이가 커트되는 기준(10㎝)이 되게 한다.

7) 마무리 체크 커트(Check Cut)

① 두발이 온 더 베이스(On The Base)로 커트되어 스트랜드(Strand) 양사이드(Side)의 두발은 길어진다.

② 두발을 펼쳐서 크로스 체크(Cross Check) 커트한다.

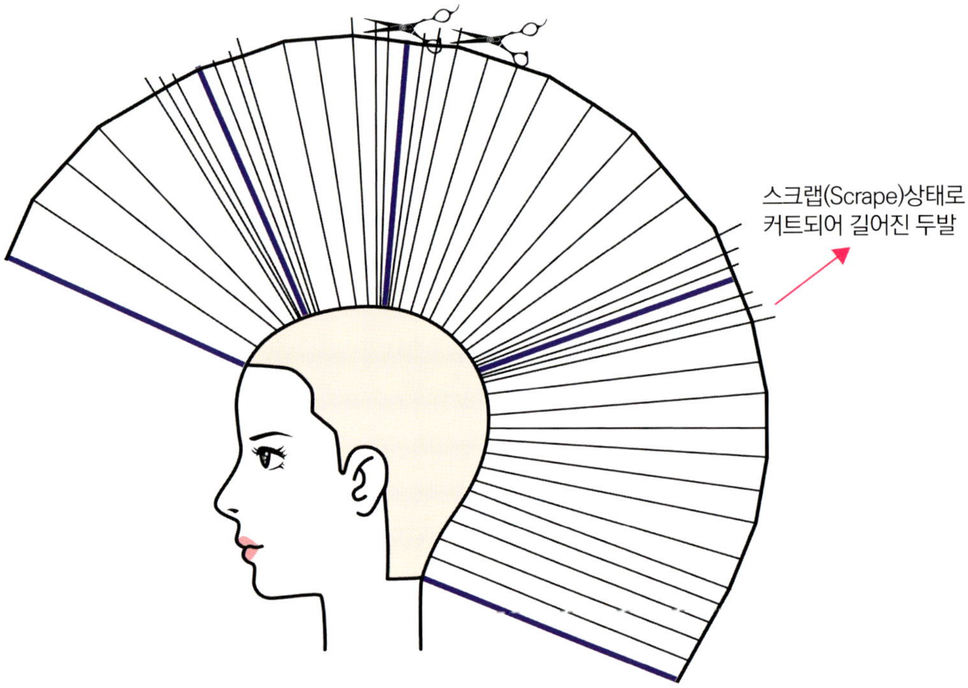

8) 완성된 디자인

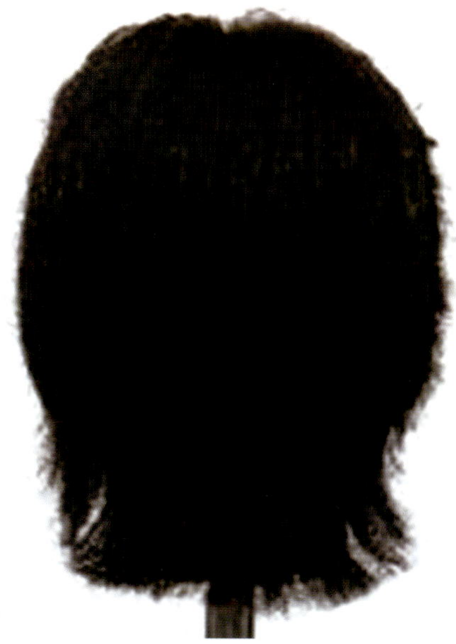

Subject :

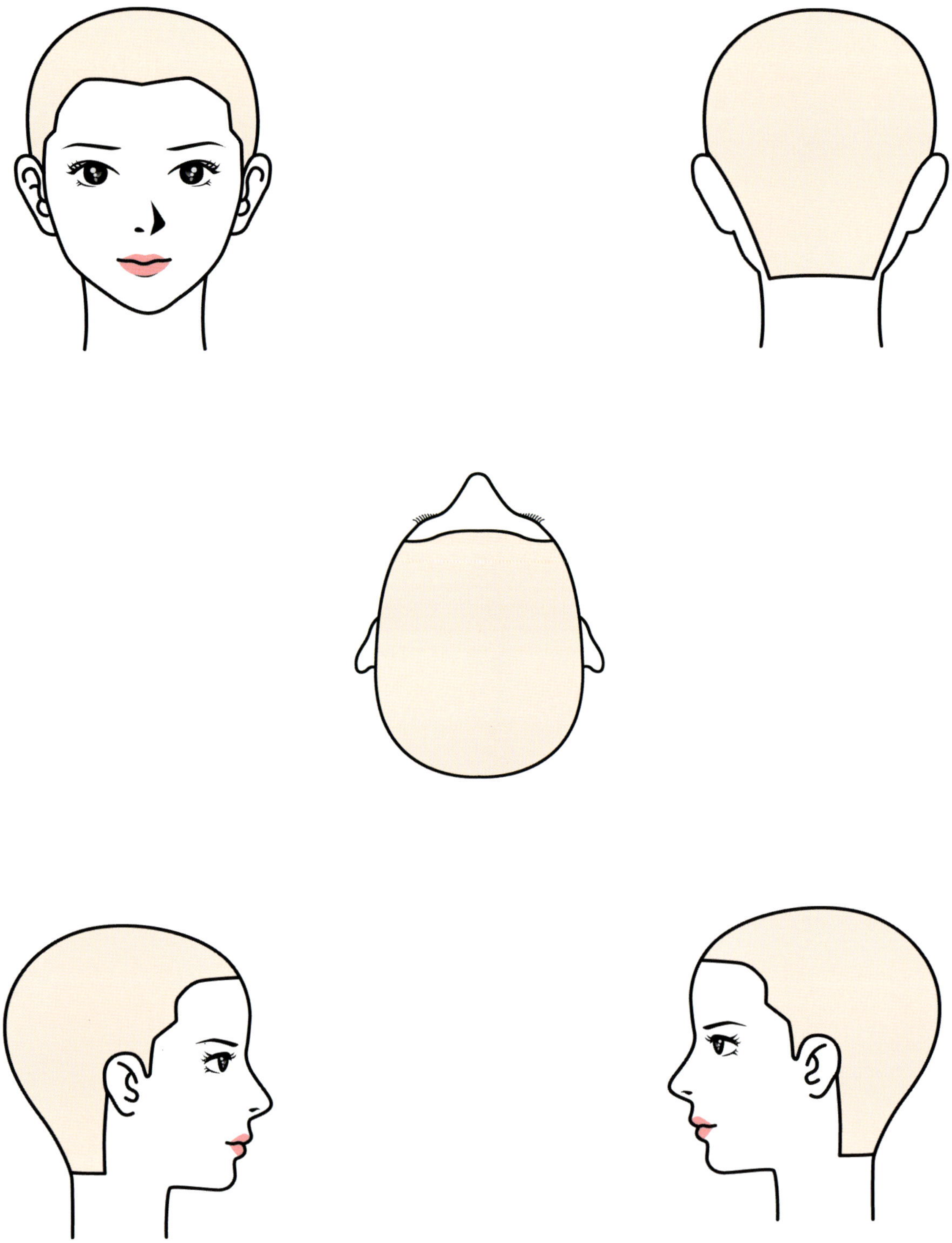

Subject :

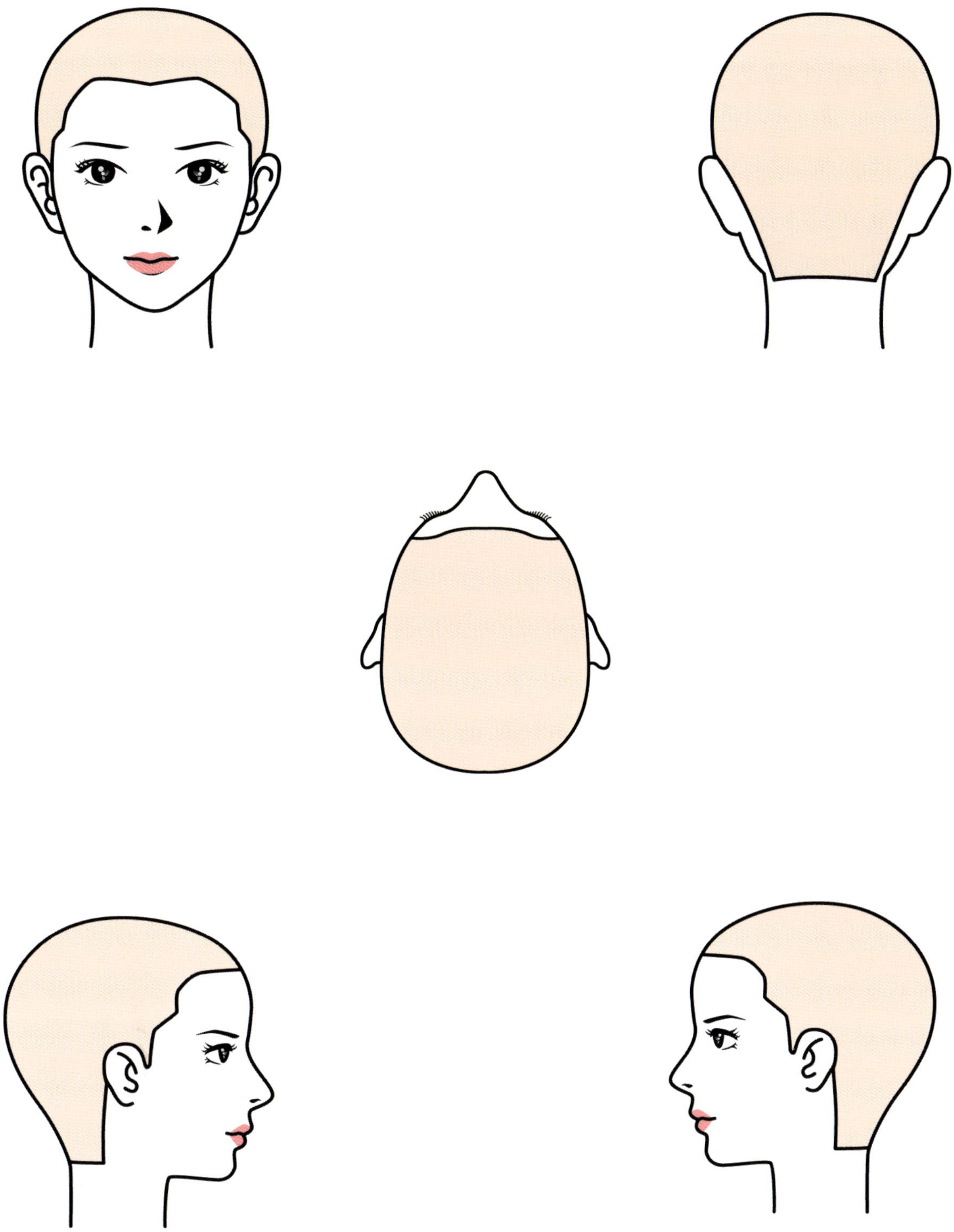

Subject :

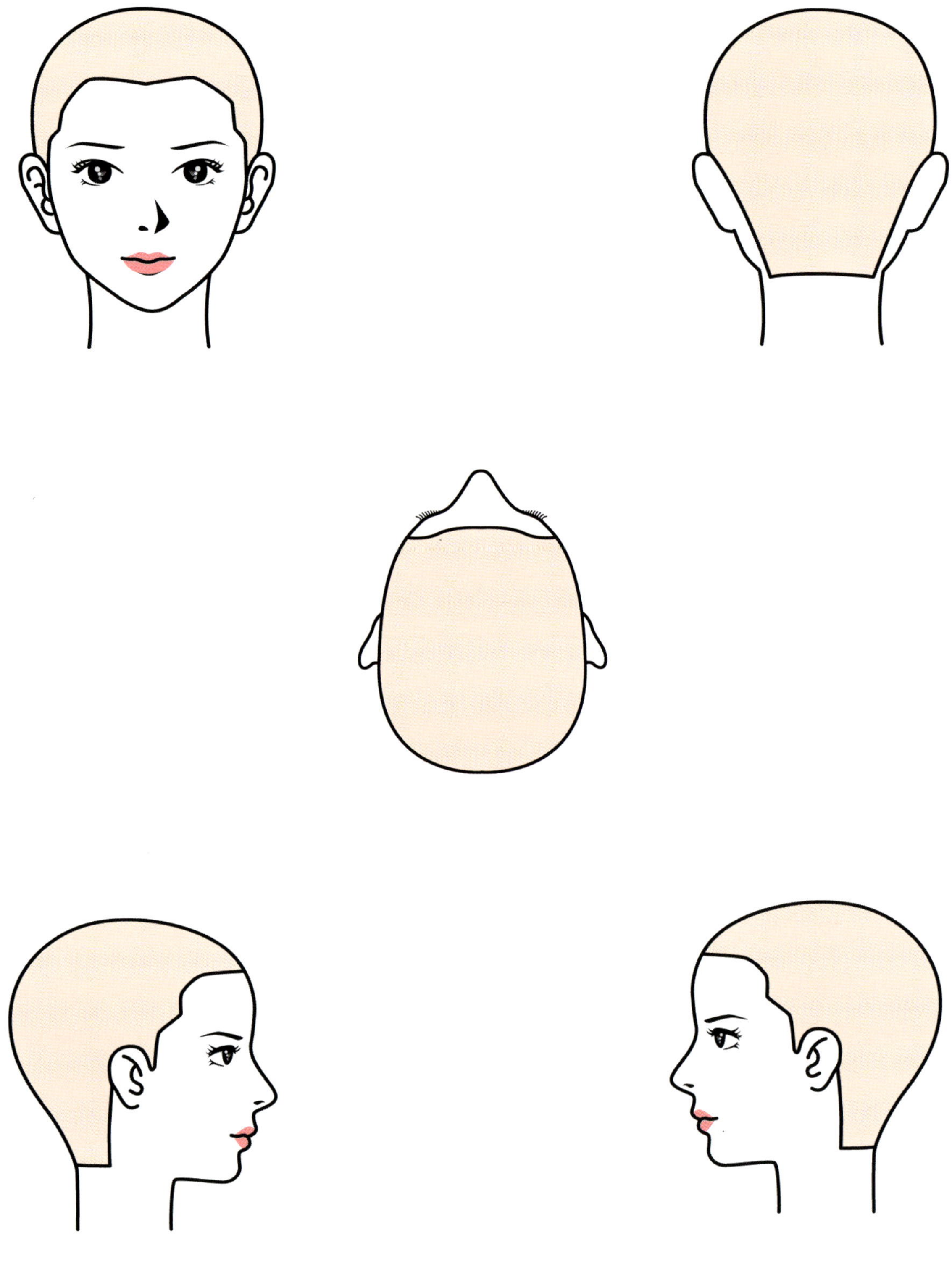

Subject :

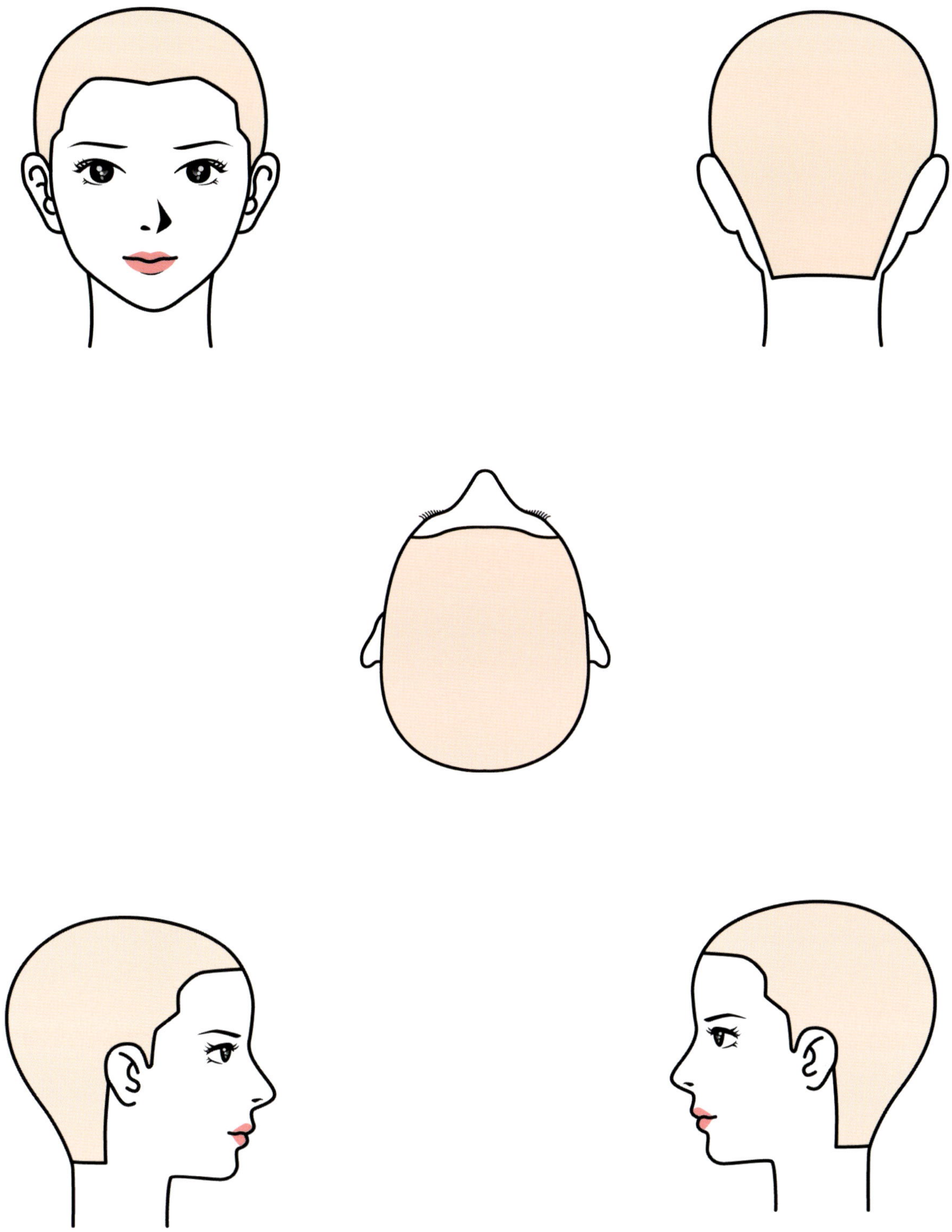

『참고문헌』

Hair Sculpture(Pivot Point)

Hair Cut Design(국제미용교육포험학술위원회)

CCC Hair Cut(청구문화사)

커트론 학(고문사)

종합미용이론(유신문화사)